交通运输行业高层次人才培养项目著作书系

乔冰 等 著

溢油应急与处置试验相关理论和技术

Relevant Theory and Technical of Oil Spill Emergency and Disposal Tests

人民交通出版社股份有限公司
北京

内　容　提　要

本书针对溢油风险防范、监测预警、应急处置、清污回收、损失评估、支持保障中的主要问题和关键技术难点，着重探索了溢油应急与处置试验相关理论和技术方法，系统阐述了溢油应急与处置的国内外概况和最新进展、相关理论和标准体系研究、溢油清除及支持保障技术管理相关标准需求、溢油应急与处置实验室主要试验标准研究，所提出的创新性研究成果对于科学化、系统化、标准化地开展溢油应急防备、反应和试验，有效提升应急处置技术装备能力和水平均具有重要指导意义和借鉴参考价值。

本书适合从事溢油风险防范、监测预警、应急处置、清污回收、损失评估、支持保障相关管理和科技研发的各类人员阅读，也可作为相关教学、培训、演习教材。

图书在版编目(CIP)数据

溢油应急与处置试验相关理论和技术方法 / 乔冰等著. — 北京 : 人民交通出版社股份有限公司, 2020. 10

ISBN 978-7-114-17945-7

Ⅰ. ①溢…　Ⅱ. ①乔…　Ⅲ. ①漏油—环境污染事故—应急对策　Ⅳ. ①X550. 7

中国版本图书馆 CIP 数据核字(2022)第 079464 号

Yiyou Yingji yu Chuzhi Shiyan Xiangguan Lilun he Jishu

书　　名: 溢油应急与处置试验相关理论和技术
著 作 者: 乔　冰　等
责任编辑: 牛家鸣
文字编辑: 钱悦良
责任校对: 赵媛媛
责任印制: 刘高彤
出版发行: 人民交通出版社股份有限公司
地　　址: (100011)北京市朝阳区安定门外外馆斜街 3 号
网　　址: http://www. ccpcl. com. cn
销售电话: (010)59757973
总 经 销: 人民交通出版社股份有限公司发行部
经　　销: 各地新华书店
印　　刷: 北京建宏印刷有限公司
开　　本: 787 × 1092　1/16
印　　张: 11. 5
字　　数: 264 千
版　　次: 2022 年 6 月　第 1 版
印　　次: 2022 年 6 月　第 1 次印刷
书　　号: ISBN 978-7-114-17945-7
定　　价: 90. 00 元

交通运输行业高层次人才培养项目著作书系
编审委员会

《溢油应急与处置试验相关理论和技术》
编写委员会

主　任：乔　冰

委　员：邹云飞　田玉军　吴　宣　石　敬
　　　　宋志国　刘春玲　兰　儒

书系前言

Preface of Series

进入21世纪以来,党中央、国务院高度重视人才工作,提出人才资源是第一资源的战略思想,先后两次召开全国人才工作会议,围绕人才强国战略实施做出一系列重大决策部署。党的十八大着眼于全面建成小康社会的奋斗目标,提出要进一步深入实践人才强国战略,加快推动我国由人才大国迈向人才强国,将人才工作作为"全面提高党的建设科学化水平"八项任务之一。十八届三中全会强调指出,全面深化改革,需要有力的组织保证和人才支撑。要建立集聚人才体制机制,择天下英才而用之。这些都充分体现了党中央、国务院对人才工作的高度重视,为人才成长发展进一步营造出良好的政策和舆论环境,极大激发了人才干事创业的积极性。

国以才立,业以才兴。面对风云变幻的国际形势,综合国力竞争日趋激烈,我国在全面建成社会主义小康社会的历史进程中机遇和挑战并存,人才作为第一资源的特征和作用日益凸显。只有深入实施人才强国战略,确立国家人才竞争优势,充分发挥人才对国民经济和社会发展的重要支撑作用,才能在国际形势、国内条件深刻变化中赢得主动、赢得优势、赢得未来。

近年来,交通运输行业深入贯彻落实人才强交战略,围绕建设综合交通、智慧交通、绿色交通、平安交通的战略部署和中心任务,加大人才发展体制机制改革与政策创新力度,行业人才工作不断取得新进展,逐步形成了一支专业结构日趋合理、整体素质基本适应的人才队伍,为交通运输事业全面、协调、可持续发展提供了有力的人才保障与智力支持。

"交通青年科技英才"是交通运输行业优秀青年科技人才的代表群体,培养选拔"交通青年科技英才"是交通运输行业实施人才强交战略的"品牌工程"之一,1999年至今已培养选拔282人。他们活跃在科研、生产、教学一线,奋发有为、锐意进取,取得了突出业绩,创造了显著效益,形成了一系列较高水平的科研成果。为加大行业高层次人才培养力度,"十二五"期间,交通运输部设立人才培养专项经费,重点资助包含"交通青年科技英才"在内的高层次人才。

人民交通出版社以服务交通运输行业改革创新、促进交通科技成果推广应用、支持交通行业高端人才发展为目的,配合人才强交战略设立“交通运输行业高层次人才培养项目著作书系”(以下简称“著作书系”)。该书系面向包括“交通青年科技英才”在内的交通运输行业高层次人才,旨在为行业人才培养搭建一个学术交流、成果展示和技术积累的平台,是推动加强交通运输人才队伍建设的重要载体,在推动科技创新、技术交流、加强高层次人才培养力度等方面均将起到积极作用。凡在“交通青年科技英才培养项目”和“交通运输部新世纪十百千人才培养项目”申请中获得资助的出版项目,均可列入“著作书系”。对于虽然未列入培养项目,但同样能代表行业水平的著作,经申请、评审后,也可酌情纳入“著作书系”。

高层次人才是创新驱动的核心要素,创新驱动是推动科学发展的不懈动力。希望“著作书系”能够充分发挥服务行业、服务社会、服务国家的积极作用,助力科技创新步伐,促进行业高层次人才特别是中青年人才健康快速成长,为建设综合交通、智慧交通、绿色交通、平安交通做出不懈努力和突出贡献。

交通运输行业高层次人才培养项目
著作书系编审委员会
2014年3月

作者简介

Author Introduction

乔冰,女,北京大学技术物理系环境化学专业理学学士,北京大学环境科学中心环境科学专业理学博士。就职于交通运输部水运科学研究院,历任见习生、助理工程师、工程师、助理研究员、副研究员、研究员、部门副总工程师、院副总工程师、院学术委员会副主任委员。两次作为国家公派访问学者分别前往德国和加拿大留学,研修防御海上溢油和化学品事故专家系统技术和港口开发环境影响评价与海洋模拟技术。担任中国航海学会船舶防污染专业委员会第四~六届委员会秘书长、交通运输部专家委员会第三~四届委员会水路组委员、中国环境科学学会环境损害鉴定评估专业委员会副主任委员。

作为水运行业环境影响评价、船舶污染防治、生态环境保护、溢油及危化品事故应急、船舶和港口大气污染防治等科技领域的重要奠基人,乔冰同志参与和主持了多项国家和省部级科研项目及课题,负责了多项应急预案及行业、学会标准、海峡两岸油污染应急协作演练脚本等重要文件起草工作,参加联合国全球气候变化第五期评估报告和全球海洋环境状况第2期评估报告、国家重点研发计划“海洋环境安全保障”重点专项实施方案和项目申报指南编写,并担任该专项总体专家组专家和多项涉海项目首席责任专家,参加《中国大百科全书》(第三版)多个条目的编撰。获得国家发明专利授权8项,实用新型专利授权4项,软件著作权5项,主编专著4部,合编专著10部,发表国内外论文100余篇,主笔起草行业及学会标准2项,获得省部级科技特等奖和一等奖各1项。二等奖6项，三等奖1项，入选百千万人才工程国家级人选、交通部十百千人才工程第一层次人选、享受国务院政府特殊津贴专家、交通部青年科技英才、中国航海学会科技贡献突出人物、交通运输部高层次人才。为国家、水运行业、海洋环境安全领域的生态文明建设和相关学科体系的创立和发展，为全球环境保护及国际合作、国家及区域船舶和港口污染防治、海峡两岸油污应急协作均作出了突出贡献。

前　　言

Foreword

石油是人类生产和生活中重要的能源和不可或缺的资源，在全球范围内被广泛开采、加工、存储和运输，形成了巨大的上中下游产业链，存在着发生安全事故和环境污染灾害的风险隐患。溢油在环境中的变化十分复杂，存在形态也是多种多样，相应的溢油应急技术难度大、涉及领域广，装备能力建设和养护成本高，现场处置效果普遍不理想，因而成为全世界备受关注、亟待解决的技术难题。

本书针对溢油的风险防范、监测预警、应急处置、清污回收、损失评估，以及溢油清除和支持保障技术中的主要问题和关键难点，着重探索了相关理论和技术方法，所提出的创新性研究成果对于科学、系统、务实地开展相关试验，有效提升应急处置技术装备能力和水平具有重要指导意义。具体的创新成果和指导作用如下：

(1) 首次提出溢油应急运行体系、科学应急支撑体系及其标准体系的理论及架构，从风险防控监管、应急组织指挥、应急辅助决策、应急响应处置、损害评估赔偿、日常培训演练六个方面，研究提出了基础类、管理类、技术类、服务类、产品类及其他类标准的具体组成，为溢油应急相关理论及方法的构建和技术及装备的运行提供标准体系支撑，并为溢油应急与处置试验研究提供应用需求基础。

(2) 首次提出我国溢油应急与处置试验技术体系框架，以及针对溢油围控、回收、分散、跟踪、降解等技术和装备的溢油处置效率和清污效果的综合及单项试验方法、试验费率标准、应急人员实操培训指南、溢油风化缩比仿真试验方法、溢油风险源遥感图像分析指南等。

(3) 创建并细化完善了溢油应急与处置实验室试验工艺及方案，得到设计和建设部门采纳，研究提出的缩比仿真环境影响模型应用于真实溢油案例影响分析，其结果与国家公布的监测数据吻合，形成发明专利 4 项、实用新型专利 2 项，国内外发表论文多篇，提出的 11 项试验标准草案得到交通运输航海安全标准化技术委员会的采纳与推荐，对于保证溢油应急处置实验室建设运行具有重要支持作用。

本书系统阐述了溢油应急与处置的国内外概况和最新进展，共 5 章，分别为：研究背景与国内外概况、相关理论及标准体系研究、溢油清除及支持保障技术管理相关标准需求分析、溢油应急与处置实验室主要试验标准研究、结论及展望，对于科学化、系统化、标准化、业务化地开展溢油应急防备、反应和试验具有重要借鉴和参考价值。

本书第1章研究背景与国内外概况、第2章第2.1节溢油应急理论及试验体系总体架构撰写人为乔冰，第2.2节溢油应急标准体系的构建撰写人为乔冰、石敬、邹云飞、田玉军、吴宣、宋志国、刘春玲、兰儒；第3章第3.1节收油机撰写人为邹云飞，第3.2节围油栏撰写人为田玉军，第3.3节溢油分散及清洗剂撰写人为吴宣，第3.4节吸油材料撰写人为刘春玲，第3.5节生物修复撰写人为兰儒，第3.6节支持保障撰写人为乔冰；第4章第4.1节综合试验水池环境条件模拟试验撰写人为乔冰，第4.2节收油机试验工艺与方案撰写人为邹云飞，第4.3节围油栏围控性能试验撰写人为田玉军，第4.4节溢油分散剂性能试验撰写人为吴宣，第4.5节溢油应急响应人员实操培训撰写人为宋志国，第4.6节溢油跟踪浮标系统产品检测撰写人为石敬，第4.7节吸油材料性能检测试验撰写人为刘春玲，第4.8节石油污染降解菌性能试验撰写人为兰儒，第4.9节溢油风险源遥感图像分析试验撰写人为石敬、乔冰，第4.10节溢油污染防备评估试验的经济保障分析撰写人为乔冰、兰儒，第4.11节溢油风化试验、第5章结论及展望撰写人为乔冰。全书统稿和校稿人为乔冰。

本书作者在此向所有为全书的撰写、编审付出辛勤工作和提供支持、帮助的人士表示崇高的敬意和衷心的感谢！

作　者

2022年5月

目　　录

Contents

第1章 研究背景与国内外概况

1.1 研究背景及项目概况

石油是人类生产和生活中重要的能源和不可或缺的资源，在全球范围内被广泛地开采、加工、存储和运输，形成了巨大的上中下游产业链，在促进社会经济发展和保障人们生活品质的同时，也存在着发生安全事故和环境污染灾害的风险隐患。多年以来，国内外海上、内河和陆地均发生过多起重大溢油污染事故，如墨西哥湾溢油污染事故、大连“7.16”溢油污染事故、渤海康菲溢油污染事故、青岛“11.22”溢油污染事故，等等。由于缺乏适宜、有效的应急与处置对策措施，溢油事故曾经对海洋、淡水和陆地生态环境和人们的食品和饮用水安全造成了严重污染，引起了国内、国际社会的高度关注，由此相关的应急处置技术和装备近年来得到了长足的发展。

溢油在环境中的变化十分复杂，尤其是发生海上船舶和钻井平台溢油事故时，由于大风和风浪流等条件的联合作用，溢油漂浮于海面、分散于水体中、附着于海岸带、沉潜于海底及再悬浮，被海洋生物降解及随食物链传播的溢油形态更是多种多样，相应的溢油应急与处置技术和装备涉及的专业领域广，技术难度大，能力建设和养护成本高，现场处置效果普遍不理想，因而也成为全世界备受关注、亟待解决的技术难题。

欧美发达国家开展了长期的溢油应急与处置的研究、试验和实践探索工作，我国在“十一五”“十二五”“十三五”期间，针对溢油监视监测、预测预警、应急决策、鉴别评估、清污回收、应急处置试验、应急协作支持保障、沉潜油监测与应急处置、辅助应急决策系统等溢油应急与处置技术及装备开展了重点专项研究，取得了多项具有创新性的研究成果，为溢油应急与处置实验室建设积累了宝贵的人才、技术和试验基础。

交通运输部于2011年启动了溢油应急与处置实验室建设的项目前期工作，于2014年启动了“溢油应急与处置试验相关标准研究”，项目组按照项目任务书和研究大纲，重点针对溢油应急与处置试验相关理论和技术方法，开展研究攻关，圆满完成了研究任务和考核指标，具体成果包括：

(1)研究提出了系统化地指导溢油应急与处置技术及装备的试验、研发、测试、评估、培训等相关标准研究编制的溢油应急标准体系建议稿。

(2)在前期实验室研究建设的基础上，细化、完善并应用了试验工艺方案和配套研究试验方案，编制提出了代表性试验标准建议草案：《溢油清污技术和装备性能综合试验方法》《溢油风化试验方法》《收油机回收速率、回收效率试验方法》《受控环境下围油栏围控性能测试指南》《溢油分散剂性能测试方法》《溢油应急响应人员实操培训指南》《溢油跟踪浮标系统产品检定规程》《吸油材料性能检测试验方法》和《石油污染降解菌降解效率及最优降解条件测定方法》。

(3)在前期相关研究基础上,完善并应用了《溢油风险源遥感图像分析指南》和《溢油污染防备、应急处置及评估试验费率标准》。

1.2 国际溢油应急与处置机构

1.2.1 国际海事组织(IMO)

截至2022年5月30日,IMO拥有成员国175个,理事国40个,政府和非政府组织观察员151个。其中,A类理事国10个,分别为中国、希腊、意大利、日本、挪威、巴拿马、韩国、俄罗斯、英国、美国,B类理事国10个,分别为澳大利亚、巴西、加拿大、法国、德国、印度、荷兰、西班牙、瑞典、阿拉伯联合酋长国,C类理事国20个,分别为巴哈马、比利时、智利、塞浦路斯、丹麦、埃及、印度尼西亚、牙买加、肯尼亚、马来西亚、马耳他、墨西哥、摩洛哥、菲律宾、卡塔尔、沙特阿拉伯、新加坡、泰国、土耳其、瓦努阿图。国际溢油控制组织(ISCO)、国际油轮船东防污染联合会(ITOPF)、国际石油工业环境保护协会(IPIECA)等国际溢油应急与处置机构均为IMO的永久观察员。

自1967年3月18日发生于英吉利海峡的“托雷·卡尼翁(Torrey Canyon)”特大油轮触礁事故造成溢出原油12万t,加之采取了不适当的应对措施,致使英法两国蒙受了巨大环境损失之后,IMO研究出台了《1969年国际油污损害民事责任公约》(CLC1969)和《1971年关于设立国际油污损害赔偿基金国际公约》(FUND1971),并持续研究推出升级、修订及补充议定书(CLC1992、FUND1991、FUND2003),将第一层次的赔偿责任限度总额和第二层次的赔偿金合计总额分别从最初的0.14亿特别提款权(SDR)和0.6亿SDR提升至1.35亿SDR和2.03亿SDR,并增加了第三层次补充赔偿金(合计总额达到7.5亿SDR),用于赔偿污染的应急防治和各类损害及恢复的费用。

1989年3月24日,在美国阿拉斯加威廉王子海湾发生了“埃克森瓦尔迪兹”油轮触礁事故,导致溢出原油3.7万t,加之缺乏适宜、可用的有效应对措施,造成严重的生态环境破坏。截至2008年6月,其支付的赔偿费高达33.37亿美元,包括21亿美元清理油污费、9亿美元支付刑事和民事罚款、2.87亿美元补偿性赔偿、0.5亿美元惩罚性赔偿。事故之后的痛定思痛,特别是有关如何才能尽可能减少污染损害的考量,不仅催生了美国出台《1990油污法》,也催生了IMO出台《1990年国际油污防备、反应和合作公约》(OPRC90)以及后续的《2000年有毒有害物质污染事故防备、反应与合作议定书》(OPRC/HNS2000),由此拉开了国际间开展区域合作、政府与工业界合作、航运界与清污企业合作、全球倡议合作等共同加强油污及有毒有害物质污染防备、反应和创新研发等人类环保行动的序幕。

1992年3月6日,IMO通过了《MARPOL公约附则I修正案》,1993年7月6日生效,新增第13F条和13G条,其中13F规定新建油轮必须符合双壳标准,13G规定现有单壳油轮应逐步淘汰。1999年12月12日,悬挂马耳他船旗的“Erika”单壳油轮在法国西北部布列塔尼半岛附近海域因遭遇风暴断裂沉没,船上运载的2万多吨重燃料油泄入海中,造成法国历史上最严重的海上溢油污染事故。IMO随即将13G生效时间修正为2002年9月1日,进一步加速了单壳油轮的淘汰时间,以2015年作为淘汰的最后年限。为配合该修正案的实施,IMO同时又以MEPC 96(46)号决议通过了《状况评估计划(CAS)》,并提出应对老龄单壳油轮实施CAS检验。

2002 年 11 月 13 日,“Prestige”单壳油轮在距离西班牙加利西亚州菲尼斯特雷岬角 25 ~ 30n mile 处遇恶劣天气搁浅,约 1.7 万 t 重质燃料油泄漏,严重污染了当地 1000 多公里海岸线、沙滩、岩石礁,这些海岸线包括大量的海洋动植物及鸟类栖息地、保护区、物种丰富的潮间带及湿地等。2003 年 12 月 4 日,IMO 再次通过了《MARPOL 公约附则 I 修正案》和《状态评估计划(CAS)修正案》,于 2005 年 4 月 5 日生效,加速 13G 修正案单壳油轮淘汰时间表,并新增第 13H 条,禁止单壳油轮载运重油。根据规定,全球范围内于 2010 年前淘汰所有国际运输的单壳油轮,而在某一国国内运输的单壳油轮,其使用年限和淘汰时间表则由该国政府决定。

IMO 第 32 届海上环境保护委员会(MEPC)于 1991 年 11 月通过 MEPC52(32)号决议《MARPOL 附则 I 防止油污规则修正案》(于 1993 年生效),其中首次出现油轮“双壳”(双底)规定,但仅适用于 5000 载重吨及以上的油轮,直到 IMO 第 54 届 MEPC 于 2006 年 3 月通过 MEPC141(54)号决议《经修订的 MARPOL 附则 I 关于新增“第 12A 条 燃油舱保护”和第 21 条及 IOPP 证书的修正案》(于 2007 年生效),才规定油轮“双壳”(双底)适用 600 载重吨及以上油轮。IMO 关于淘汰单壳油轮的相关公约获得了世界上多数国家的支持。首先是美国,其次是欧盟成员国,随后,韩国、菲律宾、印度和中国也相继跟进。从 2005 年 1 月 1 日起欧盟禁止运载重油的单壳船进入欧盟成员国海域,2007 年底,韩国决定将单壳油轮淘汰禁令提前至 2010 年实施,进而影响了整个亚洲对单壳油轮淘汰政策的进度。

通过人类社会 50 余年来在强化法规制定、监督管理、应急联动、损害赔偿推动风险评估、装备配备、人员培训、研究开发等方面的携手努力,污染事故频发的势头和事故所造成的污染损害均得到了明显的遏制。

1.2.2　国际溢油控制组织(ISCO)

ISCO 成立于 1984 年,为非营利性国际团体组织,致力于提高全球范围内石油和化学品泄漏应急的防备和扩大合作,促进溢油应急技术发展以及专业能力的提升,重点为 IMO、联合国环境规划署、欧洲共同体和其他团体组织提供专业溢油控制知识和实践经验。ISCO 近年来每周出版 1 期简报,每期简报约 12 页,为其会员提供全世界有关溢油应急的各方面最新讯息。截至 2021 年 5 月 31 日,ISCO 已出版简报 789 期。以 2015 年 9 月 14 日出版的第 500 期简报为例,其登载了如下有关溢油应急与处置试验和研究的有价值讯息:

(1)联合创新计划科学家(JIP)于 2015 年 4 月在位于阿拉斯加费尔班克斯的约 8400 m^3 露天专用模拟浮冰水池开展了为期 10 天的测试试验,通过人控无人机向冰区浮油层喷洒 herders 溢油分散剂,并首次与原地燃烧技术相结合,用以证实 herders 在开阔水域、淡水区和海洋水域无论是否有浮冰都依然能有效地清除溢油。每次试验从开始到结束需要 10 ~ 20 min,5 天的试验取得了成功。该试验是 2012 年启动的旨在检验溢油应急技术有效性的“北极应急技术联合工业项目”中的研究内容。

(2)《欧盟近海安全指南》已开始强制实施,需要确认重大环境事故(MEIs)以及相关安全和环境重要因素(SECES 和 ECEs),但在溢油应急领域尚未制定相应的应急作业标准。为解决这一问题,挪威船级社 DNVGL 作为主要的石油和天然气工业技术咨询公司发布了新建议措施 RP - G104,为海上设备和作业识别 MEIs、SECEs 和 ECEs 所需流程提供指导、建议及相关的评估标准。

(3)溢油污染清洁和油污野生动物干预防备(POSOW)项目Ⅱ启动,其合作伙伴——水污染事故调查研究试验中心(Cedre)、地中海区域海洋污染应急响应中心(REMPEC)、意大利环境保护研究所(ISPRA)、欧洲私有港口运营商联合会(FEPORTS)、美国材料与试验协会(ASTM)以及《海洋内陆水域指南》将定期简报项目实施进展。

(4)紧急互助中心(ROPME)与加拿大IMP集团国际有限公司在卡塔尔共同举办海洋环境保护区域委员会成员国座谈会,来自6个国家60余位成员审议了ROPME《地区危险品泄漏紧急预案》执行情况,并讨论了使用不同应急技术应对有毒有害物质和石油泄漏事故。

(5)追踪报道了阿拉斯加渔船沉没燃油泄漏(美国)、矿物输油管道破损泄漏(美国)、货油过驳清理泄漏(西班牙)、码头溢油(马耳他)、工厂油箱泄漏(菲律宾)、舱底含油污水泄漏(纳米比亚)、密西西比河码头溢油(美国)、亚马孙河溢油污染(厄瓜多尔)、博帕尔废物燃烧污染(印度)、福岛核泄漏物质处置(日本)、沉船漏油对珊瑚礁生态系统污染(新西兰)、意大利AGIP石油产品公司国家石油存储设备爆炸导致河流溢油事故(尼日利亚)、列车输送原油城市溢油污染(美国)、北冰洋溢油污染事故(美国)、石油和天然气运输管道破裂溢油事故(美国)、密西西比河撞船溢油污染事故(美国)。

(6)美国阿拉斯加威廉王子湾埃克森瓦尔迪兹号油轮搁浅溢油事故对鲑鱼和马哈鱼带来了存量及长期毒性影响,表明对受影响范围内近海处于产卵期内鱼类数量和少量溢油毒素方面的影响被人们大大低估了。

(7)2013年在北达科他州西北地区大规模溢油事故清理工作因缺少为专用设备供电所需的天然气而暂缓。使用的专用设备是把浸泡土壤的原油转化为气态碳水化合物。工作人员夜以继日地工作以处理两年前在太奥加麦田Tesoro公司输油管道破裂泄漏20000桶石油。美国国家卫生部门环境科学家Bill Suess称工作人员至少还要在事故现场待上两年,使用热脱附技术把土壤中的溢油热蒸发,其中包括挖出被污染的土壤以及把土壤进行热蒸发后放回原处。

2021年5月31日出版的第789期简报登载了如下有关溢油应急与处置试验和研究的有价值讯息:

(1)哥斯达黎加于2021年5月19日交存加入《1992年国际油污损害民事责任公约》和《1992年设立国际油污损害赔偿基金国际公约》的文书后,成为《1992年设立国际油污损害赔偿基金国际公约》的第120个成员国。

(2)2021年5月27日,在红海和亚丁湾海洋环境保护区域组织(PERSGA)和联合国环境规划署西亚办事处的合作下,并与欧洲经济区管理局协调,联合举办了一个关于"漏油准备、应对和海岸线清理"的培训班,包括课堂和现场会议。

(3)2021年5月25日,NOSCA清洁海洋组织扩大了石油泄漏应急能力,包括海洋塑料和其他海洋污染、有害藻类和海洋威胁,将技术和专长转移到环境部门和挪威工商界的重要领域。

(4)2021年5月25日,ISCO驻华大使吴越来信:在此谨代表国际溢油控制组织,感谢青岛航鹏船务有限公司,在刘斌先生带领的团队努力下,对2021年4月青岛海域利比里亚籍油轮"A Symphony(交响乐)"轮和巴拿马籍散货轮"Sea Justice(海洋正义)"轮碰撞溢油事故进行了应急回收工作,为海洋清洁和环保作出了杰出贡献,特此见证!

(5)2021年5月5日和6日,部署在新加坡的溢油响应公司OSRL与本会成员合作进行一级和二级综合部署溢油响应演习,安全成功地测试了通信线路和后勤接口,制定了应对策略,验证了部署计划,并由本会成员和OSRL实施了COVID-19(新型冠状病毒肺炎)安全管理措施。桌面演习允许根据真实场景确定适当的应对技术和战术,然后在实际演习中联合执行,包括部署表面分散剂的应用、海上围堵和回收以及废物管理资源。

1.2.3　国际石油工业环境保护协会(IPIECA)

IPIECA是向联合国提供咨询的正式机构,于联合国环境计划署(UNEP)成立之后的1974年建立,其目标是针对石油天然气行业固有的全球性环境与社会问题,制订并推广具有科学性、实践性和社会合理性的实用而经济的解决方案。IPIECA能以非政府机构(NGO)身份参与到联合国所有条约的缔结过程,还向其会员定期提供简报,并代表石油界出席主要政府间会议,是石油业界与联合国进行沟通的主要渠道之一。目前的协会会员包括:澳大利亚石油协会(AIP)、美国石油协会(API)、拉丁美洲及加勒比地区石油天然气公司协会(ARPEL)、加拿大石油生产商协会(CAPP)、加拿大石油产品协会(CPPI)、石油公司欧洲环境健康安全组织(CONCAWE)、欧洲石油行业协会(EUROPIA)、法国石油协会(IFP)、国际石油天然气生产商协会(OGP)、日本石油协会(PAJ)、南非石油工业协会(SAPIA)和世界石油大会(WPC)等。

IPIECA鼓励石油行业间的沟通与合作,通过其提供的行业协会网络,协调国际间石油工业的各种活动,为石油行业与外部利益相关者之间的直接互动提供条件,尽量降低活动的重复性。另外,IPIECA还编制出版物和指南,其技术报告不仅可用作系列参考手册,也是关于行业见解与主要趋势的宝贵资源。

1.2.4　国际油轮船东防污染联合会(ITOPF)

ITOPF是处理和解决海上溢油问题的专业组织,于1968年为管理《油轮船东自愿承担油污责任协定》(TOVALOP)而建立,每个加入TOVALOP的油轮船东或光船承租人自动成为ITOPF的成员。

TOVALOP是世界油轮船东为赔偿海上油污清除费用和赔偿油污所造成的任何损失而签订的协定,尽管IMO已经制订了海上油污损害民事责任公约,但TOVALOP仍有很重要的作用。ITOPF的作用是确保其成员有足够的经济担保,并给该组织成员的船舶颁发证书。目前,ITOPF的赔偿能力已达7000万美元,共有3200个成员,加入ITOPF的油轮多达6000艘,占世界油轮总吨位数的97%。

除此之外,ITOPF的任务还包括:对清除海上油污提供专业性帮助、进行损失程度估计、索赔分析,制定应急方案,以及提供咨询、培训和情报服务等。设在伦敦的ITOPF总部有一个由5名高水平技术人员组成的技术小组,专门处理世界各地有关油污的事件,评估污染的严重程度,提出清除办法并协助清除,调查油污染造成的损害。

ITOPF直接训练的一批技术人员帮助多国政府和其他组织制定溢油事故的应急处理方案,并对事故处理提供咨询。ITOPF还出版了海上油污情况和处理技术资料,制作了清除海上油污的系列录像片。ITOPF目前已被公认为清除海上油污染的专门技术中心,为保护海洋环境做出了积极的努力。

1.2.5　美国材料与试验协会(ASTM)

ASTM是当前世界上最大的标准发展机构之一,是一个独立的非营利性机构,其前身是国际材料试验协会(IATM),首次会议于1882年在欧洲召开,会上成立了工作委员会,主要研究解决钢铁和其他材料试验方法问题。ASTM 目前的会员约 34000 个,其中约 4000 个来自美国以外的上百个国家。ASTM 的主要职责是制定材料、产品、系统和服务等领域的特性和性能标准、试验方法和程序标准,促进有关知识的发展和推广,已制定标准 12000 多项。ASTM 技术委员会共下设 2004 个技术分委员会。

ASTM 标准的类型主要包括:技术规范、指南、试验方法、分类法、标准惯例、术语、定义、试验报告、试验方法可使用性等。其中:

(1)试验方法:对产生试验结果的材料、产品、系统或服务的一个或多个性质、特征或性能进行辨别、测量和评估的确定的过程。

(2)标准规范:材料、产品、系统或服务满足一套精确说明的要求,也包括如何满足每项要求的确定程序。

(3)标准实施规程:执行一个或多个不产生试验结果的特定操作或功能的确定的过程。

(4)标准术语:由术语、术语定义、术语描述、符号说明、缩写等组成的一个文件。

(5)标准指南:不推荐特定行动过程的一系列选择或说明。

(6)标准分类:按照相同的特性将材料、产品、系统或服务系统分组。

ASTM 原第 11.05 卷(杀虫剂;环境评价;有害物质和溢油响应)已更改为第 11.8 卷(杀虫剂;抗菌剂,替代控制剂;环境评价;有害物质和溢油响应),其中,有关溢油应急与处置的标准达到 89 项,其分类分布详见图 1.2-1,具体名录详见表 1.2-1 中的第 1 ~89 项。

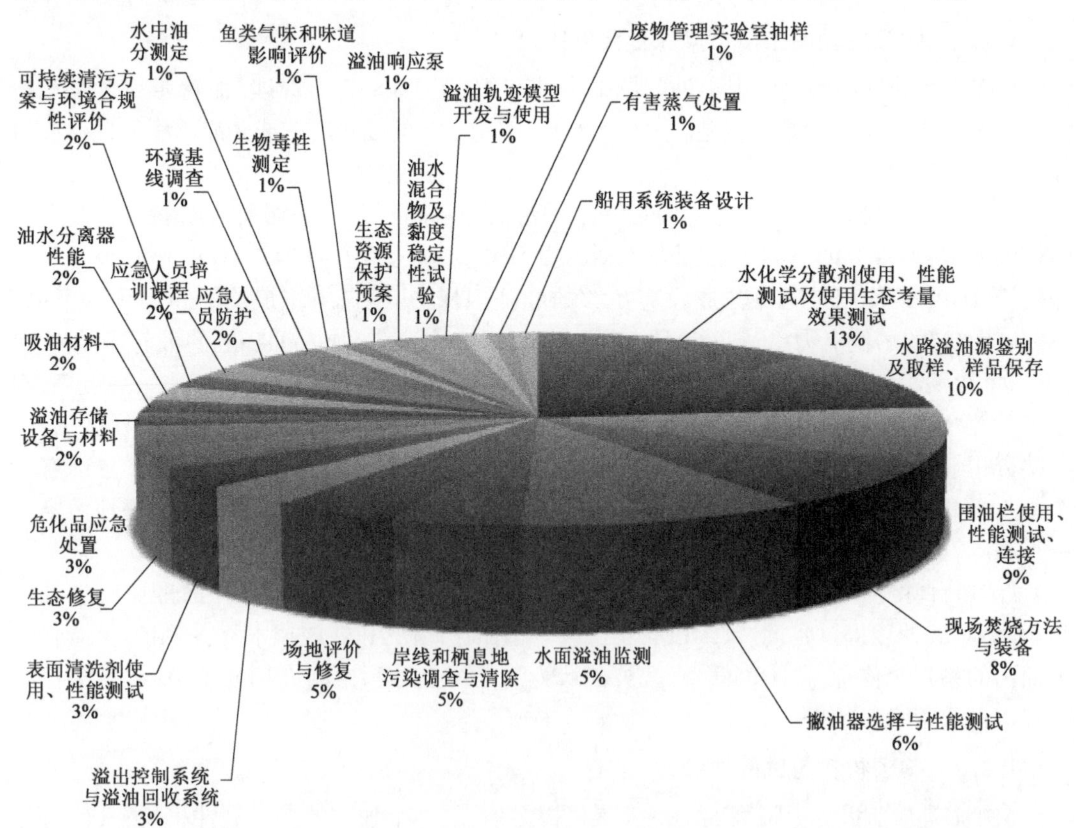

图 1.2-1　ASTM 溢油应急与处置相关标准的分类分布统计图

ASTM 溢油应急与处置相关标准的详细情况一览表　　表1.2-1

序号	ASTM 最新标准号	标准原名	中文译名	被取代 ASTM 标准号	收回年份
1	D3325-90(2020)	Standard Practice for Preservation of Waterborne Oil Samples	水路油样保存标准实施规程	D3325-90(2013)	—
2	D3326-07(2017)	Standard Practice for Preparation of Samples for Identification of Waterborne Oils	用于水路油辨识的样品准备标准实施规程	D3326-07(2011)	—
3	D3328-06(2020)	Standard Test Methods for Comparison of Waterborne Petroleum Oils by Gas Chromatography	气相色谱法比较水路石油的标准试验方法	D3328-06(2013)	—
4	D3414-98(2011)e1	Standard Test Method for Comparison of Waterborne Petroleum Oils by Infrared Spectroscopy	红外分光光度法比较水路石油的标准试验方法	略	2018
5	D3415-98(2017)	Standard Practice for Identification of Waterborne Oils	辨识水路油的标准实施规程	D3415-98(2011)	—
6	D3650-93(2011)	Standard Test Method for Comparison of Waterborne Petroleum Oils By Fluorescence Analysis	荧光分析法比较水路石油的标准试验方法	略	2018
7	D4489-95(2017)	Standard Practices for Sampling of Waterborne Oils	采集水路油的标准规程	D4489-95(2011)	—
8	D5412-93(2017)e1	Standard Test Method for Quantification of Complex Polycyclic Aromatic Hydrocarbon Mixtures or Petroleum Oils in Water	水中多环芳烃混合物或石油的定量测定标准试验方法	D5412-93(2011)e1	—
9	D5739-06(2020)	Standard Practice for Oil Spill Source Identification by Gas Chromatography and Positive Ion Electron Impact Low Resolution Mass Spectrometry	气相色谱法和正离子电子轰击质谱法识别溢油源的标准实施规程	D5739-06(2013)	—
10	D6008-96(2014)	Standard Practice for Conducting Environmental Baseline Surveys	实施环境基线调查的标准实施规程	D6008-96(2005)	—

续上表

序号	ASTM 最新标准号	标准原名	中文译名	被取代 ASTM 标准号	收回年份
11	D6081-20	Standard Practice for Aquatic Toxicity Testing of Lubricants: Sample Preparation and Results Interpretation	润滑剂水生物毒性试验标准实施规程：样品制备和结果解释	D6081-98(2014)	—
12	D6104-97(2017)	Standard Practice for Determining the Performance of Oil/Water Separators Subjected to Surface Run-Off	测定表面运行的油/水分离器性能的标准实施规程	D6104-97(2011)	—
13	D6157-97(2017)	Standard Practice for Determining the Performance of Oil/Water Separators Subjected to a Sudden Release	测定油/水分离器性能的标准实施规程	D6157-97(2011)	—
14	D6323-19	Standard Guide for Laboratory Subsampling of Media Related to Waste Management Activities	与废物管理活动相关的媒介实验室抽样标准指南	D6323-12e1	—
15	D7690-11(2017)	Standard Practice for Microscopic Characterization of Particles from In-Service Lubricants by Analytical Ferrography	服务润滑油粒子微观表征的铁谱分析标准实施规程	D7690-11	—
16	E1527-13	Standard Practice for Environmental Site Assessments: Phase Ⅰ Environmental Site Assessment Process	环境场地评价标准实施规程：第Ⅰ卷环境场地评价流程	略	—
17	E1810-20	Standard Practice for Evaluating Effects of Contaminants on Odor and Taste of Exposed Fish	污染物对暴露鱼气味和味道的影响评价标准实施规程	E1810-12	—
18	E1903-11	Standard Practice for Environmental Site Assessments: Phase Ⅱ Environmental Site Assessment Process	环境场地评价标准实施规程：第Ⅱ卷环境场地评价流程	E1903-97R02	—
19	E1943-98(2015)	Standard Guide for Remediation of Ground Water by Natural Attenuation at Petroleum Release Sites	通过自然衰减法修复石油泄漏场所地表水的标准指南	E1943-98R04	—

续上表

序号	ASTM 最新标准号	标准原名	中文译名	被取代 ASTM 标准号	收回年份
20	E1945-02(2016)	Standard Test Method for Percent Dispersibility	分散百分率标准试验方法	E1945-02(2008)	—
21	E2205/E2205M-02(2014)	Standard Guide for Risk-Based Corrective Action for Protection of Ecological Resources	用于保护生态资源的风险为基础的纠正行动标准指南	略	—
22	E2247-16	Standard Practice for Environmental Site Assessments: Phase Ⅰ Environmental Site Assessment Process for Forestland or Rural Property	环境场地评价标准实施规程:第Ⅰ卷 森林和乡村性质土地的环境场地评价流程	E2247-08	—
23	E2365-14	Standard Guide for Environmental Compliance Performance Assessment	环境合规性绩效评价标准指南	略	—
24	E2876-13(2020)	Standard Guide for Integrating Sustainable Objectives into Cleanup	将可持续目标融入清污的标准指南	E2876-13	—
25	F625/F625M-94(2017)	Standard Practice for Classifying Water Bodies for Spill Control Systems	溢出控制系统水体分类标准实施规程	F0625-94R06、F625/F625M-94(2011) e2	—
26	F631-15(2020)	Standard Guide for Collecting Skimmer Performance Data in Controlled Environments	撇油器在受控环境中性能数据采集标准指南	F0631-99R08、F631-15	—
27	F715-07(2018)	Standard Test Methods for Coated Fabrics Used for Oil Spill Control and Storage	用于溢油控制和存储的涂层织物标准试验方法	F0715-07、F715-07(2012)	—
28	F716-18	Standard Test Methods for Sorbent Performance of Absorbents	吸收剂吸收性能标准试验方法	F0716-07、F716-09	—
29	F726-17	Standard Test Method for Sorbent Performance of Adsorbents	吸附剂吸附性能标准试验方法	F0726-06、F726-12	—
30	F818-16(2020)	Standard Terminology Relating to Spill Response Barriers	溢油响应围栏标准术语	F0818-93R03、F818-93(2009)	—

续上表

序号	ASTM 最新标准号	标 准 原 名	中 文 译 名	被取代 ASTM 标准号	收回年份
31	F962-04(2018)	Standard Specification for Oil Spill Response Boom Connection: Z-Connector	溢油响应围油栏连接器标准技术说明：Z-连接器	F0962-04、F962-04(2010)	—
32	F1011-07(2013)	Standard Guide for Developing a Hazardous Materials Training Curriculum for Initial Response Personnel	开发有害物质初级响应人员培训课程标准指南	F1011-07	—
33	F1084-08(2018)	Standard Guide for Sampling Oil/Water Mixtures for Oil Spill Recovery Equipment	溢油回收设备油/水混合物取样标准指南	F1084-90R02、F1084-08(2013)	—
34	F1093-99(2018)	Standard Test Methods for Tensile Strength Characteristics of Oil Spill Response Boom	溢油响应围油栏伸展强度特性标准试验方法	F1093-99R07、F1093-99(2012)	—
35	F1127-07(2013)	Standard Guide for Containment of Hazardous Material Spills by Emergency Response Personnel	有害物质溢出污染应急响应人员标准指南	F1127-07	—
36	F1129/F1129M-12	Standard Guide for Using Aqueous Foams to Control the Vapor Hazard from Immiscible Volatile Liquids	使用水性泡沫控制来自不能混合可蒸发液体有害蒸气的标准指南	F1129-01	—
37	F1166-07(2013)	Standard Practice for Human Engineering Design for Marine Systems, Equipment, and Facilities 1, 2	船用系统、设备和装置的人机工程设计标准的标准实施规程	略	
38	F1209-19	Standard Guide for Ecological Considerations for the Use of Oil Spill Dispersants in Freshwater and Other Inland Environments, Ponds and Sloughs	在淡水和其他内陆环境、池塘及沼泽使用溢油分散剂的生态考量标准指南	F1209-08、F1209-14	—
39	F1210-19	Standard Guide for Ecological Considerations for the Use of Oil Spill Dispersants in Freshwater and Other Inland Environments, Lakes and Large Water Bodies	在淡水和其他内陆环境、湖泊及大型水体使用溢油分散剂的生态考量标准指南	F1210-08、F1210-14	—

续上表

序号	ASTM 最新标准号	标准原名	中文译名	被取代 ASTM 标准号	收回年份
40	F1231-19	Standard Guide for Ecological Considerations for the Use of Oil Spill Dispersants in Freshwater and Other Inland Environments, Rivers and Creeks	在淡水和其他内陆环境、河流及小溪使用溢油分散剂的生态考量标准指南	F1231-08、F1231-14	—
41	F1279-19	Standard Guide for Ecological Considerations for the Restriction of the Use of Surface Washing Agents: Permeable Land Surfaces	限制使用表面清洗剂的生态考量标准指南:可渗透的陆地表面	F1279-08(2014)	
42	F1280-19	Standard Guide for Ecological Considerations for the Use of Surface Washing Agents: Impermeable Surfaces	限制使用表面清洗剂的生态考量标准指南:不可渗透的表面	F1280-14	
43	F1413/F1413M-18	Standard Guide for Oil Spill Dispersant Application Equipment: Boom and Nozzle Systems	溢油分散剂应用设备标准指南：围油栏和喷嘴系统	F1413-07、F1413-07(2013)	—
44	F1460/F1460M-18	Standard Practice for Calibrating Oil Spill Dispersant Application Equipment: Boom and Nozzle Systems	溢油分散剂应用设备校准标准实施规程：围油栏和喷嘴系统	F1460-07、F1460-07(2013)	—
45	F1523-94(2018)	Standard Guide for Selection of Booms in Accordance With Water Body Classifications	按水体分类的围油栏选择标准指南	F1523-94R07、F1523-94(2013)	—
46	F1524-95(2013)	Standard Guide for Use of Advanced Oxidation Process for the Mitigation of Chemical Spills	使用增强氧化过程来减少化学品溢出标准指南	F1524-95R07	—
47	F1599-95(2018)	Standard Guide for Collecting Performance Data on Temporary Storage Devices	临时储存设施性能数据采集标准指南	F1599-95R03、F1599-95(2014)	—
48	F1607-95(2018)	Standard Guide for Reporting of Test Performance Data for Oil Spill Response Pumps	溢油响应泵性能测试数据报告标准指南	F1607-95R03、F1607-95(2013)	—

续上表

序号	ASTM 最新标准号	标准原名	中文译名	被取代 ASTM 标准号	收回年份
49	F1657/F1657M-96(2018)	Standard Practice for Emergency Joining of Booms with Incompatible Connectors	带有不匹配连接器的围油栏应急连接标准实施规程	F1657-96R07、F1657/F1657M-96 (2012) e1	—
50	F1686-16	Standard Guide for Surveys to Document and Assess Oiling Conditions	报告和评估岸线含油状况的调查标准指南	F1686-97R03	—
51	F1687-16	Standard Guide for Terminology and Indices to Describe Oiling Conditions on Shorelines	描述岸线含油状况的术语和指标因子标准指南	F1687-97R03	—
52	F1693-21	Standard Guide for Consideration of Bioremediation as an Oil Spill Response Method on Land	作为陆上溢油响应方法的生态修复考量标准指南	F1693-96R03、F1693-13	—
53	F1737/F1737M-19	Standard Guide for Use of Oil Spill Dispersant Application Equipment During Spill Response: Boom and Nozzle	溢油分散剂应用装备溢油响应标准指南：围油栏和喷嘴系统	F1737-07、F1737/F1737M-15	—
54	F1738-19	Standard Test Method for Determination of Deposition of Aerially Applied Oil Spill Dispersants	空中应用溢油分散剂沉降确定标准试验方法	F1738-96R07、F1738-15	—
55	F1778-97(2020)	Standard Guide for Selection of Skimmers for Oil-Spill Response	用于溢油响应的撇油器选择标准指南	F1778-97R02、F1778-97(2008)	—
56	F1779-20	Standard Practice for Reporting Visual Observations of Oil on Water	水上溢油可视化观察报告标准实施规程	F1779-97R03、F1779-08(2014)	—
57	F1780-97(2018)	Standard Guide for Estimating Oil Spill Recovery System Effectiveness	溢油回收系统效率评估标准指南	F1780-97R02、F1780-97(2010)	—
58	F1788-19	Standard Guide for In-Situ Burning of Oil Spills on Water: Environmental and Operational Considerations	水上溢油现场焚烧标准指南：环境和操作考量	F1788-97R03、F1788-14	—

续上表

序号	ASTM 最新标准号	标准原名	中文译名	被取代 ASTM 标准号	收回年份
59	F1872-21	Standard Guide for Use of Chemical Shoreline Cleaning Agents: Environmental and Operational Considerations	化学岸线清洗剂使用标准指南:环境和操作考量	F1872-05、F1872-12	—
60	F1990-19	Standard Guide for In-Situ Burning of Spilled Oil: Ignition Devices	溢油现场焚烧标准指南:点火装置	F1990-07、F1990-07(2013)	—
61	F2008-00(2018)	Standard Guide for Qualitative Observations of Skimmer Performance	撇油器性能定性观测标准指南	F2008-00R06、F2008-00(2012) e1	—
62	F2059-17	Standard Test Method for Laboratory Oil Spill Dispersant Effectiveness Using the Swirling Flask	使用旋转瓶进行溢油分散剂效果试验室标准测试方法	F2059-06、F2059-06(2012) e1	—
63	F2067-19	Standard Practice for Development and Use of Oil-Spill Trajectory Models	溢油轨迹模型开发和使用标准实施规程	F2067-07、F2067-13	—
64	F2084/F2084M-01(2018)	Standard Guide for Collecting Containment Boom Performance Data in Controlled Environments	受控环境污染围油栏性能参数采集标准指南	F2084-01R07E01、F2084/F2084M-01(2012)e1	—
65	F2152-07(2018)	Standard Guide for In-Situ Burning of Spilled Oil: Fire-Resistant Boom	溢油现场焚烧标准指南:防火型围油栏	F2152-07、F2152-07(2013)	—
66	F2204/F2204M-16	Standard Guide for Describing Shoreline and Inland Response Techniques	描述岸线和内陆响应技术标准指南	F2204-02	—
67	F2205-19	Standard Guide for Ecological Considerations for the Use of Chemical Dispersants in Oil Spill Response: Tropical Environments	溢油响应中使用化学分散剂的生态学考量标准指南:热带环境	F2205-07、F2205-07(2013)	—
68	F2230-19	Standard Guide for In-situ Burning of Oil Spills on Water: Ice Conditions	水上溢油现场焚烧标准指南:冰区环境	F2230-02、F2230-14	—

续上表

序号	ASTM 最新标准号	标准原名	中文译名	被取代 ASTM 标准号	收回年份
69	F2283-12(2018)	Standard Specification for Shipboard Oil Pollution Abatement System	船用石油污染治理系统的标准技术说明	F2283-12	—
70	F2327-15	Standard Guide for Selection of Airborne Remote Sensing Systems for Detection and Monitoring of Oil on Water	水上溢油监视监测航空遥感系统选择标准指南	F2327-03	—
71	F2438-04(2017)	Standard Specification for Oil Spill Response Boom Connection: Slide Connector	溢油响应围油栏连接标准技术说明:滑动接头器	F2438-04、F2438-04(2010)	—
72	F2464-12(2018)	Standard Guide for Cleaning of Various Oiled Shorelines and Habitats	清理各类油污岸线和栖息地标准指南	F2464-05\ F2464-12	—
73	F2465/F2465M-20	Standard Guide for Oil Spill Dispersant Application Equipment: Single-point Spray Systems	溢油分散剂应用装备标准指南:单点喷洒系统	F2465-05、F2465/F2465M-05(2016)	—
74	F2532-19	Standard Guide for Determining Net Environmental Benefit of Dispersant Use	使用分散剂的净环境效益确定标准指南	F2532-06、F2532-13	—
75	F2533-20	Standard Guide for In-Situ Burning of Oil in Ships or Other Vessels	船舶或其他容器石油现场焚烧标准指南	F2533-07、F2533-07(2013)	—
76	F2534-17	Standard Guide for Visually Estimating Oil Spill Thickness on Water	水面溢油厚度视觉评估标准指南	F2534-06、F2534-12	—
77	F2682-07(2018)	Standard Guide for Determining the Buoyancy to Weight Ratio of Oil Spill Containment Boom	确定溢油牵制围油栏浮力和重量比值标准指南	F2682-07、F2682-07(2012)e1	—
78	F2683-11(2017)	Standard Guide for Selection of Booms for Oil-Spill Response	用于溢油响应的围油栏选择标准指南	F2683-11	—

续上表

序号	ASTM 最新标准号	标准原名	中文译名	被取代 ASTM 标准号	收回年份
79	F2709-19	Standard Test Method for Determining a Measured Nameplate Recovery Rate of Stationary Oil Skimmer Systems	确定被测量品牌固定撇油器系统回收率的标准试验方法	F2709-15	—
80	F2823-20	Standard Guide for In-Situ Burning of Oil Spills in Marshes	沼泽地油泄漏现场燃烧的标准指南	F2823-15	—
81	F2926-18	Standard Guide for Selection and Operation of Vessel-mounted Camera Systems	船装相机系统的选择和操作的标准指南	F2926-12	—
82	F3045-20	Standard Test Method for Evaluation of the Type and Viscoelastic Stability of Water-in-oil Mixtures Formed from Crude Oil and Petroleum Products Mixed with Water	原油和石油产品与水混合形成的油混合物的类型和黏度稳定性评价的标准试验方法	F3045-15e1	—
83	F873-84(2003)	Standard Guide for Incinerating Oil Spill Wastes at Temporary Field Locations	临时性现场场所焚烧溢油废物标准指南	F0873-84R03	2010
84	F1481-94(2001)	Standard Guide for Ecological Considerations for the Use of Bioremediation in Oil Spill Response-Sand and Gravel Beaches	生态学考虑沙砾混合岸滩溢油响应使用生态修复技术标准指南	F1481-94R01	2010
85	F1525/F1525M-09	Standard Guide for Use of Membrane Technology in Mitigating Hazardous Chemical Spills	使用膜技术来减少化学品溢出毒害标准指南	F1525-96R01	2015
86	F1600-95a(2013)	Standard Terminology Relating to Bioremediation	生态修复标准术语	F1600-95AR07	2014
87	F164401-01	Standard Guide for Health and Safety Training of Oil Spill Responders	溢油响应人员健康和安全标准指南	F1644-01	2010

续上表

序号	ASTM 最新标准号	标准原名	中文译名	被取代 ASTM 标准号	收回年份
88	F165601-01	Standard Guide for Health and Safety Training of Oil Spill Responders in the United States	美国溢油响应人员培训健康和安全标准指南	F1656-01	2010
89	F1834-98(2004)	Standard Guide for Consideration of Anaerobic Bioremediation as a Chemical Pollutant Mitigation Method on Land	陆上化学污染物消除方法之无氧生态修复考量标准指南	F1834-98R04	2010
90	F3195-16	Standard Guide for Estimating the Volume of Oil Consumed in an In-Situ Burn	估计原位燃烧消耗油量的标准指南	略	—
91	F3251-17	Standard Test Method for Laboratory Oil Spill Dispersant Effectiveness Using the Baffled Flask	挡板瓶测定实验室溢油分散剂有效性的标准试验方法	略	—
92	F3337-19	ASTM F3337-19 Standard Guide for Taking Property and Behavior Measurements on Weathered Fractions of Oil	对油的风化部分进行性能和行为测量的标准指南	略	—
93	F3349-18	Standard Guide for Use of Herding Agents in Conjunction with In-Situ Burning	与现场燃烧一起使用放牧剂的标准指南	略	—
94	F3350-18	Standard Guide for Collecting Skimmer Performance Data in Ice Conditions	冰条件下收集撇渣器性能数据的标准指南	略	—

如图 1.2-1 所示,ASTM 溢油应急与处置相关标准约 29 类,具体如下:

(1)化学分散剂使用、性能测试及使用生态考量、效果测试(11 项);

(2)水路溢油源鉴别及取样、样品保存(9 项);

(3)围油栏使用、性能测试、连接(8 项);

(4)现场焚烧方法与装备(7 项);

(5)撇油器选择与性能测试(5 项);

(6) ~(8)水面溢油监测、岸线和栖息地污染调查与清除、场地评价与修复(各 4 项);

(9) ~(12)溢出控制系统与溢油回收系统、表面清洗剂使用、生态修复、危化品应急处置(各 3 项);

(13) ~(18)溢油存储设备及材料、吸油材料、油水分离器性能、可持续清污方案与环境合规性评价、应急人员及培训课程、应急人员防护(各 2 项);

(19) ~(29)环境基线调查、水中油分测定、生物毒性测定、鱼类气味和味道影响评价、生态资源保护预案、溢油响应泵、油水混合物及黏度稳定性试验、溢油轨迹模型开发与使用、废物管理实验室抽样、有害蒸气处置、船用系统装备设计(各 1 项)。

上述 ASTM 标准的制修订情况显示,截至 2016 年,约 10% 的标准为近 5 年新制定,2% 的标准近 8 年未修订,其余标准近 8 年均做出了修订,6% 的标准由于多种原因做出了收回,新的标准尚未出台;2016—2021 年这 5 年中,约 85% 的标准(约 70 个标准)得到了修订,有 2 个标准被收回。

1.2.6　试验及培训机构

(1)美国 Ohmsett 实验室。Ohmsett 是海洋环境中模拟石油与有害物质试验水池[Oil and Hazardous Material Simulated (marine) Environment Test Tank]的简称,1974—1987 年由美国环保署负责建造和运营,由于被认为已经搞清楚了相关内容,于 1987—1989 年关闭。1989 年发生 Exxon Valdez 号油轮触礁事故后,根据油污法规(OPA-90),该实验室被再度启用,其实景照片详见图 1.2-2。目前的管理者变更为美国内政部安全和环境执法局(BSEE of DOI)。

图 1.2-2　美国 Ohmsett 实验室全貌

Ohmsett 实验室地上混凝土试验水池长 203m、宽 20m、深 3.4m(水深 2.44m),可容纳 980 万 L 海水(盐度维持在 28 ~35ppm 之间),拖曳桥速度可达 3.34m/s。Ohmsett 实验室的功能是提供独立和客观的溢油应急设备原型试验以及海洋可再生能源系统(潮汐能转换设备)的性能测试,通过研究和开发为科技进步与创新及其成果应用提供实验和评价支持。该实验室还用于仿真溢油应急响应技术研究和开展培训业务。

Ohmsett 的造波机具有变频功能,既能模拟波高 1m 的常规波,也能模拟短波,还可以通过模拟风速规模将 Pierson-Moskowitz 谱和 JONSWAP 谱参数化。Ohmsett 的试验用油回收及循环利用系统配有先进的离心泵、油水过滤及分离系统、可控制生物活性的电解加氯系统,并能产生供测试用的油水乳液。

Ohmsett 试验方案和方法采用 ASTM 标准,其工作人员隶属于 1975 年成立的有害物质和溢油应急反应委员会(ASTM F20 委员会),该委员会目前约有 120 个成员,不断发展和更新相关标准,包括:围油栏和收油机设备检测、适当溢油应急响应设备的选用、溢油术语和相关的实验室程序、系列测试方法,等等,最新更新情况见表 1.2-1(25 ~94 项)。

(2)法国 Cedre 实验室。Cedre 是"事故类水污染记录、研究、实验中心(Centre of Documentation, Researchand Experimentation on Accidental Water Pollution)"的简称,为国家级非营利机构,于 1979 年 1 月发生 Amoco Cadiz 油轮溢油事故后成立,可借助水池及人造试验海滩模拟和评价溢油应急响应机制,试验和研究污染物的行为和影响,评价溢油应急产品的性能和使用特性,开展应急培训和产品演示。

Cedre 实验室用于研究溢油风化及环境影响的环形试验水槽长 4m、宽 2m、高 1.4m(水深 0.9m),单侧过水宽度 0.6m,环形长度 13m,最大容积 7m^3,环形直边端口设有延伸口,安装的造波设施造波周期可达 3s,波高可达 15cm,详见图 1.2-3。

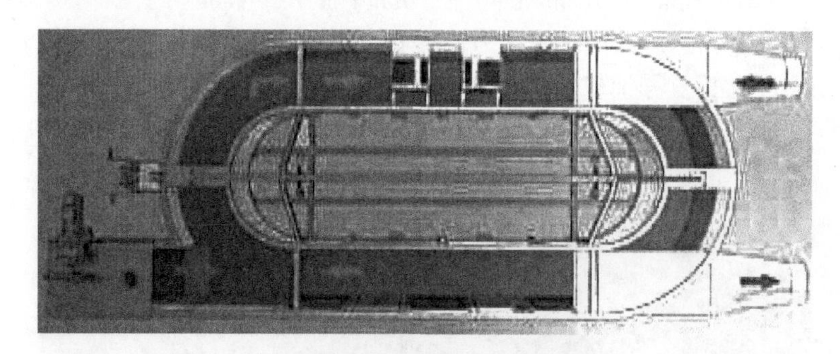

图 1.2-3　Cedre 模拟实验环形试验水槽俯视图

该试验水槽位于室内,需采用两组 2000W 灯模拟太阳光,采用风扇和软管风道造风,通过空调控制室温(控温范围 -1 ~30℃),室内挥发油气被抽出室外后直接排放。

此外,Cedre 实验室还建设了长 59m × 宽 35m × 深 2 ~ 3m 的静水试验水池、总面积 6000m^{2}的人工试验海滩和高 5m(直径 0.8m)六面体塔状实验设施,分别用于研发测试水面溢油回收设备、研究及演练岸滩油污清除技术,以及研究观测污染物水溶和水下溢油的行为。

(3)挪威 Sintef 实验室。位于挪威特隆赫姆的 Sintef 实验室是欧洲最主要的环境技术领域研究和教育中心之一,为非营利性研究机构,具有 68 个国家的 2100 名员工,包括建筑和基础设施研究所、海洋工程研究所、渔业和水池研究所、材料和化学研究所、能源研究所、石油研究所、技术和社会研究所等 7 个研究所，溢油研究组现有员工 45 人，针对冰区的溢油相关研究实力雄厚，2005 年由挪威石油公司资助兴建的溢油/冰试验水池（长 10m × 宽 4m × 深 2.3m，水深 2m）以及试验水塔和人工海岸滩等设施集中布置于约 $120m^2$ 的封闭试验厅内，能提供 -20℃的低温环境，利用 6 个潜水泵造流（最大表面流速 5kn），推板式造波设施模拟波高 0.3cm，利用阿法拉伐公司船底污水分离器进行油污水处理。

（4）日本海上防灾中心。日本海上防灾中心根据日本防治海上污染和自然灾害相关法律于 1976 年建立，下设溢油清除、船舶消防、器材和训练四个委员会，拥有专用船只和器材，并与 159 家灾难防治机构签订了协议，包括在全日本 33 个主要港口设置的溢油清除设备和材料储备基地（2004 年共计围油栏 54360m、溢油分散剂 218kL 和吸油材料 106t），在 10 个港口布置了清污船和撇油器，可为各地油轮船东提供溢油应急反应设备和器材，在发生溢油应急事故时，接受日本海上保安厅的指令，采取措施清除溢油，此外，该中心还开展海上防灾训练，推动有关海上防灾的国际协作，进行海上防灾工作的调查、研究等，其建造于横须贺的溢油应急水池是亚太地区专业溢油应急培训基地，培训场地及设施情况参见图 1.2-4。

图 1.2-4 日本横须贺防灾中心溢油应急水池设施及培训基地

（5）韩国 KOEM 海洋环境管理公司。2007 年 12 月 7 日，载有约 26 万 t 原油的中国香港籍超大型油轮“河北精神号”（HEBEI SPIRIT）轮在韩国西海岸泰安郡大山港锚地锚泊期间，被韩国籍失控浮吊船“三星一号”（SANSUNG No. 1）失控擦碰，三个货油舱受损，溢油 10500t，形成长 7.4km、宽 2km 的油污带，污染了韩国西海岸大片海域，造成严重的环境灾难。次年，韩国海洋环境管理公司（Korea Marine Environment Management Corporation，简称 KOEM）宣告成立。2010 年，KOEM 在釜山创新集群成立了海洋环境研究和培训研究所，利用人工海洋海浪水池向公众提供现场体验培训课程。该海洋污染控制培训设施由室内波浪水池（20m ×8m ×2.5m）和人工岸线（17m ×24m ×2.5m）等组成，参见图 1.2-5。

图 1.2-5　韩国 KOEM 海洋污染控制培训波浪试验水池

1.3　国内溢油应急与处置机构

1.3.1　交通运输部联合国家发展和改革委员会、财政部

2010 年 7 月 16 日 18 时 20 分左右，大连新港至中石油大连保税油库输油管线在油轮卸油作业暂停仍继续注入脱硫剂的情况下发生闪爆，引发管线内原油起火，致上万吨原油入海，创下中国海上溢油污染事故之最。截至 2010 年 7 月 29 日，大连市海洋与渔业局渔船回收海上溢油 9584.55t，占整个海上溢油回收总量的 78.5%，溢油回收设备的工作效率较低，应急人员缺乏实操培训，化学分散剂在海面油污清除中的用量较大。现场监测显示，受污染海域面积约 430km^2，其中，重度污染海域约 12km^2、一般污染海域约 52km^2。溢油污染对当地的海水水质、生态系统和海洋生物产生了很大的安全威胁。

2010 年 12 月 15 日，中央机构编制委员会办公室（中编办）发布了《关于重大海上溢油应急处置牵头部门和职责分工的通知》（中央编办发〔2010〕203 号），根据重大海上溢油应急处置工作的需要，在现有部门职责分工的基础上，建立国家重大海上溢油应急处置部际联席会议制度，由交通运输部牵头，具体工作由中国海上搜救中心承担，对外可以中国海上溢油应急中心的名义开展工作。

根据中编办的通知，交通运输部负责牵头组织编制国家重大海上溢油应急处置预案并组织实施；会同有关部门编制国家重大海上溢油应急能力建设规划，提出国家重大海上溢油应急能力建设的意见；依托现有资源，会同有关部门建立健全国家海上溢油信息共享平台；组织、协调、指挥重大海上溢油应急处置工作；负责防止船舶污染、船舶海上溢油应急和赔偿工作。

为提高我国重大海上溢油应急处置能力，交通运输部根据中编办的通知，会同有关部门按照全面建成小康社会的总体部署、建设海洋强国及海上丝绸之路的总体要求，编制了《国家重大海上溢油应急能力建设规划（2015—2020 年）》，并于 2016 年 1 月获得了国务院批复，由交通运输部与国家发改委联合印发，其中提出以下有关试验、检测的重要规划要求：

（1）海上溢油清除力量可在 5 级海况下出动，4 级海况下开展应急作业，距岸 50n mile 内任意海域海上溢油清除能力达到 1000t，高风险海域达到 10000t，沿海各省（自治区、直辖市)岸线溢油清除能力和回收物陆上接收处理能力可达到10000t,第一批空中监视和应急清除力量可分别在2、6小时内到达工作海域。

(2)在全国沿海44个地区(市)建成溢油应急清除设备库191座,其中新建25座,建成专业溢油应急船舶260艘,其中新建11艘,新购置固定翼飞机需考虑增加溢油分散剂喷洒功能。

(3)重视科技支撑、设备研发和检测能力建设,设立重大科研专项,组织产学研协同攻关,加大沉潜油监视监测及清除、恶劣气象与高海况条件油污回收、滩涂溢油清除技术及装备,可生物降解型吸附材料等溢油应急技术、装备和材料的研发,提高溢油应急设备质量及效果检测能力,规范各类应急设备生产企业,保障应急设备库应急功能的发挥。

根据国务院办公厅和中编办等有关文件精神,中华人民共和国海事局(交通运输部海事局)为交通运输部直属行政性事业单位,实行垂直管理体制,履行水上交通安全监督管理、船舶及相关水上设施检验和登记、防止船舶污染和航海保障等行政管理和执法职责。

交通运输航海安全标准化技术委员会的秘书处承担单位为交通运输部海事局,业务范围为:通航秩序管理、船舶监督、船员管理、船舶检验、行业安全管理等。该标准化技术委员会管理的国家标准《船舶水污染物排放控制标准》(GB 3552—2018)、《溢油分散剂 第1部分:技术条件》(GB/T 18188.1—2021)和《溢油分散剂 使用准则》(GB 18188.2—2000),交通运输行业标准《船用吸油毡》(JT/T 560—2004)等,为形成中国的溢油应急标准体系奠定了重要基础。

2006—2010年,由交通运输部负责牵头实施了国家"十一五"科技支撑重点专项"远洋船舶压载水净化和水上溢油应急处理关键技术研究",2011—2015年,由交通运输部负责牵头实施了国家"十二五"科技支撑重点专项"智能化水面溢油处置平台及成套装备研制",有力地推动了溢油应急与处置相关标准的制修订工作,已发布国家标准(修订)2项、行业标准19项,纳入制定计划标准2项,分别为:

(1)《港口码头水上污染事故应急防备能力要求》(JT/T 451—2017);
(2)《水上溢油快速鉴别规程》(JT/T 862—2013);
(3)《转盘/转筒/转刷式收油机》(JT/T 863—2013);
(4)《应急卸载装置》(JT/T 866—2013);
(5)《船舶溢油应急能力评估导则》(JT/T 877—2013);
(6)《水面溢油跟踪浮标系统技术要求》(JT/T 910—2014);
(7)《吸油拖栏》(JT/T 864—2013);
(8)《溢油分散剂喷洒装置》(JT/T 865—2013);
(9)《堰式收油机》(JT/T 1042—2016);
(10)《浮动油囊》(JT/T 1043—2016);
(11)《水上溢油环境风险评估技术导则》(JT/T 1143—2017);
(12)《溢油驱集剂》(JT/T 1191—2018);
(13)《水上液体有毒有害物质吸附材料》(JT/T 1339—2020);
(14)《水上液体有毒有害物质吸收材料》(计划制定号:JT 2014—32);
(15)《带式收油机》(JT/T 1201—2018);

(16)《水上溢油的稳定碳同位素指纹鉴别规程》(JT/T 1190—2018);

(17)《溢油油水分离装置》(JT/T 1280—2019);

(18)《溢油应急处置船应急装备物资配备要求》(HYT 226—2017);

(19)《生物型溢油分散剂技术条件和使用准则》(计划制定号:JT 2015—47);

(20)《船舶污染清除单位应急清污能力要求》(JT/T 1081—2016);

(21)《船舶水污染物排放控制标准》(GB 3552—2018);

(22)《船舶溢油应急处置效果评估技术导则》(JT/T 1338—2020);

(23)《溢油分散剂　第1部分:技术条件》(GB/T 18188.1—2021)。

此外,挂靠于交通运输部水运科学研究所的中国航海学会船舶防污染专业委员会,还根据船舶公司、港口企业、清污公司、司法仲裁等单位的迫切需求,于2011年5月正式发布了《水上污染防备和应急处置收费推荐标准》(SPPPC 001—2011)。ITOPF组织专家对该推荐标准进行了技术评估,从推荐标准编写组反馈的《对技术评估的释疑》可知,ITOPF技术评估报告中的大多数收费项目的建议费率基本位于编写组提出的收费标准范围之内,且编写组提出的收费标准更为全面和更具普适性。

"十三五"期间,由交通运输部负责牵头指导实施了国家重点研发计划"海洋环境安全保障"重点专项"海上交通溢油监测预警与防控技术研究及应用""海上突发事件应急处置与搜救决策支持系统研发与应用",对于推进溢油应急与处置相关标准的制修订工作具有重要促进作用。

为进一步提升我国海上溢油应急处置技术研究能力,提高海上溢油应急处置水平,支撑我国建设海洋强国和交通强国发展战略,国家发改委于2020年9月27日发函交通运输部,正式批复了《水运科学研究所天津海上溢油应急处置实验系统建设工程可行性研究报告》(发改投资〔2020〕1493号),项目主要建设内容为:建造综合实验大厅、实验楼、科研楼、设备库房、辅助设备用房以及综合实验水池、岸滩溢油实验设施、油罐池、消防水池、清洗池等;购置或建造综合实验水池工艺设备、实验楼工艺设备、实验配套及培训系统设备、环保与监测系统等。项目占地面积46166m^2,总建筑面积16432m^2,总投资33473万元(中央预算内投资),交通运输部水运科学研究所作为项目单位,负责项目的组织实施与管理。

交通运输部水运科学研究所早在2001年3月就提出了建设海上溢油应急处理实验室的立项申请,包括建设长50m、宽25m、深2m的室内多功能试验水池以及各类水面试验装置、性能试验检测仪器。交通运输部于2011年下达了包括溢油应急与处置实验室建设项目的前期工作计划,该研究所为此专门成立了由本书作者任负责人、部分编委会成员任成员的前期工作组,开展溢油应急与处置实验室建设项目可行性研究,提出了建设方案和可行性研究总体框架(图1.3-1),组织开展了国内外专题调研,形成了支撑项目建设的核心技术文件。

在上述实验室建设立项进程中,研究团队先后完成了《中国海上船舶溢油应急计划》及《南海海区溢油应急计划》研究编制、《水路交通突发公共事件应急预案》研究编制、国家科技支撑计划项目课题"水上溢油预测预警技术开发"、交通运输部软科学研究项目"台湾海峡船舶油污及危化品应急协作支持保障对策"研究和交通运输部标准计量质量研究项目"溢油应急与处置试验相关标准研究",取得了省部级特等奖和一等奖各1项、二等奖3项的系列科研创新成果,为论证提出实验室建设方案和开展可行性研究奠定了坚实基础。

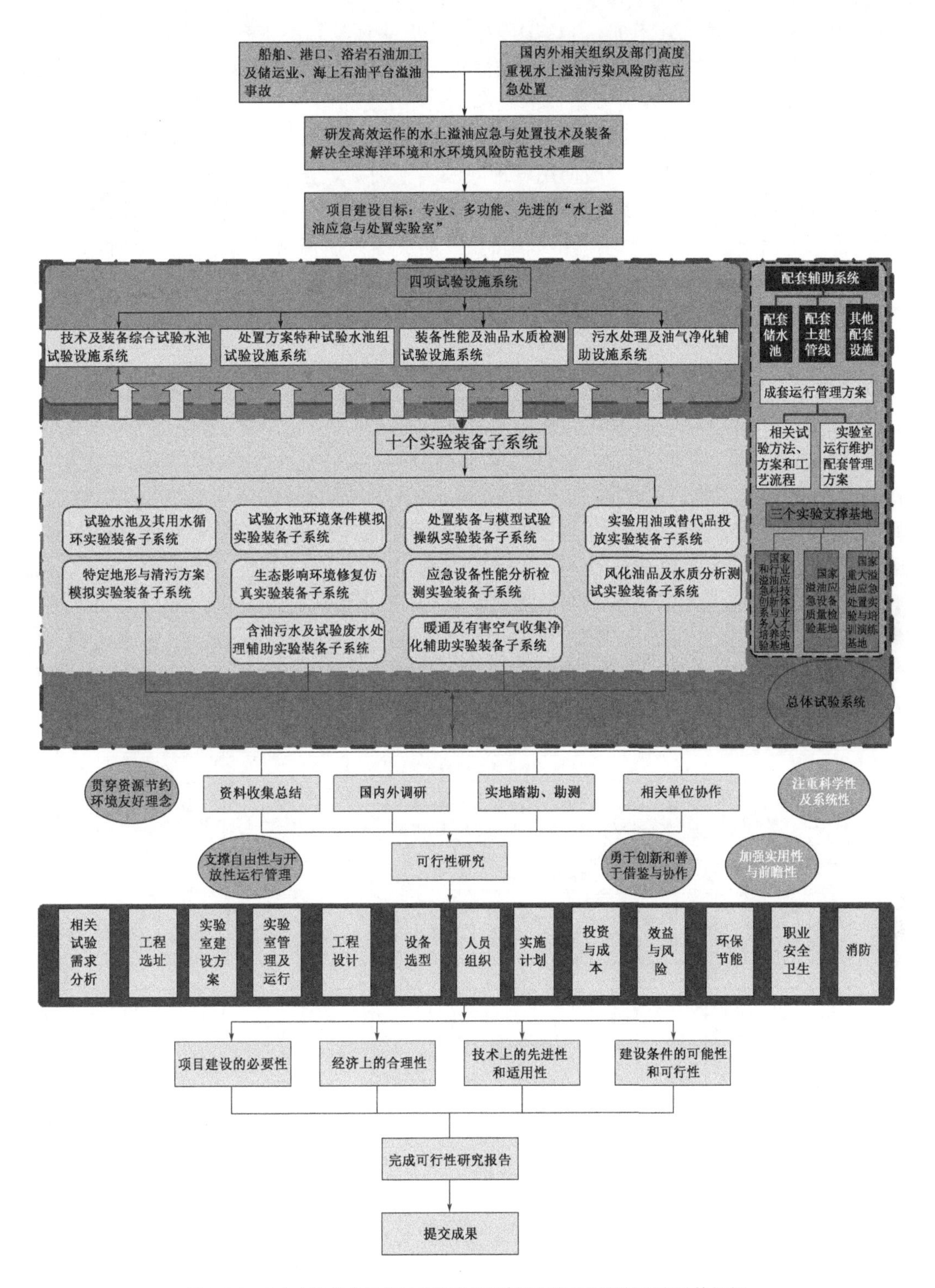

图 1.3-1　“水上溢油应急与处置实验室”建设方案和可行性研究总体框架

中国作为 IMO 的 A 类理事国和航运大国,已经加入了 CLC1969 及其相关议定书,但作为发展中国家,大陆地区并未加入 FUND1971。1997 年恢复香港主权时,中国政府宣布加入 FUND1971 及其相关议定书(仅限于中国香港特别行政区)。为了弥补在中国大陆境内船舶油污事故污染损害难以获得足额赔偿的缺陷,我国财政部和交通运输部于 2012 年 5 月 11 日联合印发了《船舶油污损害赔偿基金征收使用管理办法》,并于 2014 年 4 月 16 日联合印发了《船舶油污损害赔偿基金征收使用管理办法实施细则》,建立了中国管辖海域遭受船舶油污损害的赔偿基金征收和使用的管理制度,现阶段单次油污事故的赔偿总额上限为 0.3 亿元人民币。由交通运输部海事局组织编制的《船舶油污损害赔偿基金索赔指南》和《船舶油污损害赔偿基金理赔导则》充分借鉴 IMO 相关国际公约多年来的实施经验(特别是损害评估经验),在广泛征求各方意见基础上形成试行版,于 2016 年 7 月发布实施。

交通运输部于 2016 年 1 月发布实施了《交通运输标准化"十三五"发展规划》,提出了"全面贯彻党的十八大、十八届三中、四中和五中全会精神,坚持创新、协调、绿色、开放、共享的发展理念,深入落实国务院深化标准化工作改革的总体要求,以满足交通运输发展需求为主线,统筹推进标准、计量、质量监督体系建设,完善政策制度,优化技术体系,强化实施监督,夯实质量基础,提升国际化水平,充分发挥标准化对交通运输发展的支撑和保障作用"的指导思想,和"到 2020 年,建成适应交通运输发展需要的标准化体系(体系框架见图 1.3-2),标准化理念深入普及,标准先进性、有效性和适用性显著增强,计量、检验检测、认证认可能力显著提高,标准化人才队伍素质明显提高,国际标准化活动的参与度与影响力明显提升,标准化对交通运输科学发展的支撑和保障作用充分发挥"的发展目标,以及"改革引领、系统推进、开放融合"的基本原则,为溢油应急与处置试验相关理论和技术方法的研究和成果的应用指明了方向。

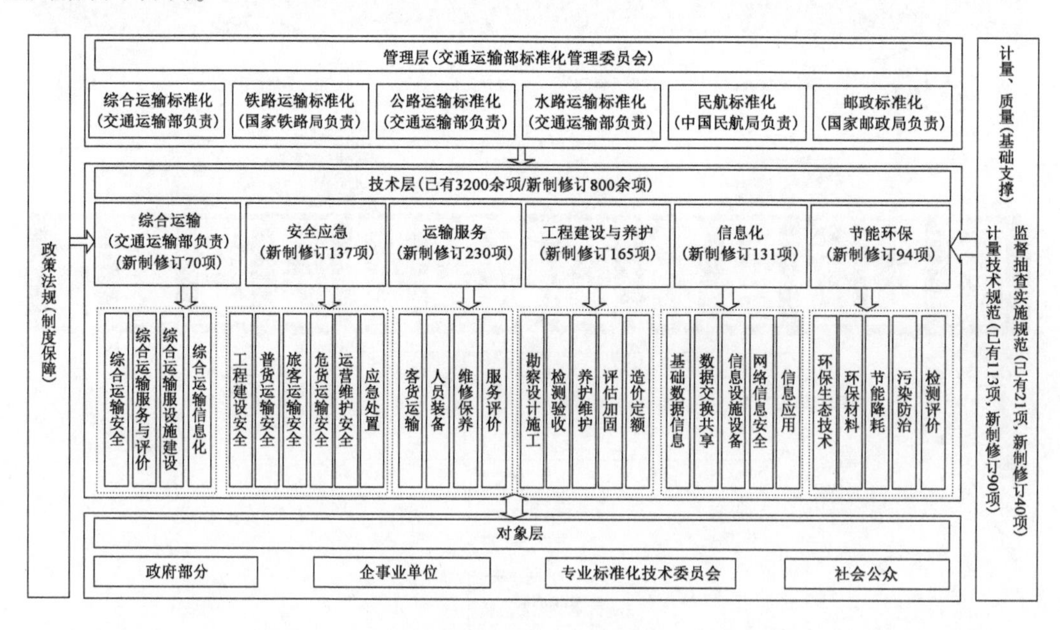

图 1.3-2　2020 年建成适应交通运输发展需要的标准化体系

根据《交通运输标准化"十三五"发展规划》,溢油应急与处置试验相关标准在管理层面隶属于由交通运输部负责的"水路运输标准化"的范畴,在技术层面隶属于"安全应急"板块中“应急处置”的范畴，主要服务对象包括相关政府部门、企事业单位、航海安全标准化技术委员会、社会公众。

2016年11月，交通运输部办公厅向有关单位征集对《交通运输标准化体系（征求意见稿）》和《交通运输标准化体系附件（征求意见稿）》意见，本项目负责人在反馈意见中提出，根据本项研究成果，第17页第5～6行中的“安全应急包含水路运输与作业安全、航海安全、救助打捞等”建议完善为“安全应急包含水路运输与作业安全、航海安全、救助打捞、污染事故应急等”，并提出《溢油应急标准体系》建议稿供参考。以上意见在交通运输部2017年4月17日发布的《交通运输标准化体系》中得到了采纳，相应内容已调整为：“安全应急标准包含水路运输与作业安全、航海安全、救助打捞、事故应急等”，水运标准合计数量从1855项增加到2026项，增加了171项，拟制定行业标准从994项增加到1228项，增加了234项。

上述进展为确立本研究重要成果——溢油应急标准体系在交通运输标准化体系中的水路运输标准大类中“安全应急”标准类别中的应有地位奠定了基础。

交通运输航海安全标准化技术委员会原名交通运输部航海安全标准化技术委员会，2015年10月29日更名为现名，业务范围主要包括：通航秩序管理、船舶监督、船员管理、船舶检验、行业安全管理等，秘书处设在东海航海保障中心。2016年4月1日该标委会在上海召开了二届二次会议，来自中国远洋海运集团公司、交通运输部科学研究院、交通运输部水运科学研究院、烟台溢油应急技术中心、上海海事大学、浙江海事局的代表分别就航运标准国际与国内化、航海安全标准“十三五”发展、国家标准《围油栏》《船员职业健康和安全保护及事故预防标准》和《标准的海图作业对航行安全的必要性思考》等议题做了主题交流发言，与会领导对标委会工作提出了建议，调动并发挥标准在行业治理方面的重要作用，加快推进航海安全标准的数字化共享交流和标准的宣贯和监督实施。

1.3.2　生态环境部联合司法部

2018年3月，原环境保护部更名为生态环境部，原国家海洋局的海洋环境管理职能并入生态环境部，根据中编办的通知，负责陆源溢油对海洋污染的监督管理，组织、指导、协调相关应急处置工作，并承接全国海洋环境监测、监视网络，承担海上溢油污染的监视监测、预测预警等工作，及时通报海上溢油污染有关情况；会同有关部门负责溢油造成海洋生态环境的损害评估、生态修复及相关国家索赔工作。

由生态环境部科研单位起草的相关文件和标准为：

（1）《突发生态环境事件应急处置阶段直接经济损失评估工作程序规定》（环应急〔2020〕28号）；

（2）《环境损害鉴定评估推荐方法（第Ⅱ版）》（环办〔2014〕90号）；

（3）《突发环境事件应急监测技术规范》（HJ 589—2021）；

（4）《环境空间数据交换技术规范》（HJ 726—2014）；

（5）《环境基础空间数据加工处理技术规范》（HJ 724—2014）。

司法部和原环境保护部于2015年12月21日联合发布了《关于规范环境损害司法鉴定管理工作的通知》（司发通〔2015〕118号），要求各级司法和环保部门贯彻党的十八大和十八届三中、四中、五中全会精神，落实健全生态环境保护责任追究制度和环境损害赔偿制度的要求，促进生态文明建设，适应环境损害诉讼需要，加强对环境损害司法鉴定机构和鉴定人的管理，根据《全国人民代表大会常务委员会关于司法鉴定管理问题的决定》和《最高人民法院最高人民检察院司法部关于将环境损害司法鉴定纳入统一登记管理范围的通知》(司发通〔2015〕117号)，以及有关法律、法规、规章的规定，规范环境损害司法鉴定管理工作，相关内容如下：

(1)鉴定机构设置发展规划。遵循统筹规划、合理布局、总量控制、有序发展的原则，根据诉讼活动的实际需求和发展趋势研究制定发展规划。

(2)鉴定事项。环境损害司法鉴定是指在诉讼活动中鉴定人运用环境科学的技术或者专门知识，采用监测、检测、现场勘察、实验模拟或者综合分析等技术方法，对环境污染或者生态破坏诉讼涉及的专门性问题进行鉴别和判断并提供鉴定意见的活动。环境诉讼中需要解决的专门性问题包括：确定污染物的性质；确定生态环境遭受损害的性质、范围和程度；评定因果关系；评定污染治理与运行成本以及防止损害扩大、修复生态环境的措施或方案等。

环境损害司法鉴定的主要领域包括：

①污染物性质鉴定，主要包括危险废物鉴定、有毒物质鉴定，以及污染物其他物理、化学等性质的鉴定；

②地表水和沉积物环境损害鉴定，主要包括因环境污染或生态破坏造成河流、湖泊、水库等地表水资源和沉积物生态环境损害的鉴定；

③空气污染环境损害鉴定，主要包括因污染物质排放或泄露造成环境空气或室内空气环境损害的鉴定；

④土壤与地下水环境损害鉴定，主要包括因环境污染或生态破坏造成农田、矿区、居住和工矿企业用地等土壤与地下水资源及生态环境损害的鉴定；

⑤近海海洋与海岸带环境损害鉴定，主要包括因近海海域环境污染或生态破坏造成的海岸、潮间带、水下岸坡等近海海洋环境资源及生态环境损害的鉴定；

⑥生态系统环境损害鉴定，主要对动物、植物等生物资源和森林、草原、湿地等生态系统，以及因生态破坏而造成的生物资源与生态系统功能损害的鉴定；

⑦其他环境损害鉴定，主要包括由于噪声、振动、光、热、电磁辐射、核辐射等污染造成的环境损害鉴定。

1.3.3 自然资源部

由自然资源部负责指导管理的国家海洋标准化委员会发布的相关标准为：

(1)《海面溢油鉴别系统规范》(GB/T 21247—2007)；

(2)《海洋生态资本评估导则》(GB/T 28058—2011)；

(3)《海洋生态损害评估技术导则　第2部分：海洋溢油》(GB/T 34546.2—2017)；

(4)《海洋石油勘探开发常用溢油分散剂性能指标及检验方法》(HY 044—1997)。

1.3.4 农业农村部

由农业农村部科研单位起草的相关标准为：

(1)《渔业污染事故经济损失计算方法》(GB/T 21678—2018)；

(2)《农业环境污染事故损失评价技术准则》(NY/T 1263—2007)。

1.3.5 科技部及部际联席部委

由科技部负责、海洋环境保护专家为主研究编制的《海洋环境安全保障重点专项2016

年度申报指南》在第3章“海洋环境灾害及突发环境事件预警和应急处置技术”的“海上交通易发灾害监测预警与防控技术研究及应用”方向设立了“研究海上沉潜油形成和行为归宿机理，研究易发危化品泄漏和溢油事故跟踪监测和现场快速检测技术，构建海上沉潜油和危化品泄漏漂移扩散数值模型，开发易发危化品泄漏事故环境污染损害预测预警产品，研发沉潜油防控技术和装备，研发易发危化品回收与清除应急技术和装备”项目，并设定了以下考核指标：

(1)基本确定渤海不明来源溢油形成原因；

(2)可实现对20种以上海上易发危化品泄漏事故的跟踪监测和现场快速检测，海面油膜厚度检测下限达到0.01cm，实现30m以内水深的沉潜油探测；

(3)沉潜油和易发危化品48h水中漂移预测结果误差小于5n mile；

(4)易发危化品泄漏事故环境污染损害预测预警产品实现标准化和业务化应用；

(5)研制可用于渤海的沉潜油水体围控和回收装备各1套；

(6)研制可用于处置具有易燃、有毒、挥发和漂移特性的危化品泄漏应急装置1套。

由科技部负责、环境保护专家为主研究编制的《典型脆弱生态修复与保护研究重点专项2016年度申报指南》在第8章“国家生态安全保障技术体系”的“区域生态资源资产统计核算业务化技术”方向设立了“研究生态环境损害基线、因果关系判定、损害数额量化等鉴定方法、技术标准及规范，研究构建生态环境损害鉴定评估平台技术”项目，并设定了以下考核指标：

(1)提交各研究内容评估方法和技术体系；

(2)形成相应的标准及规范；

(3)在国家批准的试点区域开展示范；

(4)形成相应配套政策文件，被政府部门采纳利用。

第 2 章　相关理论及标准体系研究

2.1　溢油应急理论及试验体系总体架构

2.1.1　释义与业务范围

“溢油应急理论”概指人们关于溢油应急工作和相关知识的理解与论述，系指由人类社会在长期的溢油应急工作中所形成的具有专门专业知识的科学技术成果，在世界范围内具有普遍适用性，能够对溢油应急各方面的工作发挥指导作用。

“溢油应急与处置试验”系指：为了察看溢油在环境中的行为及归宿、所造成环境污染损害的后果、预防和减缓损害的应急与处置技术和装备的性能，而进行的试用操作和从事的某种活动的统称。

根据对国内外溢油应急与处置领域发展历程的调研和取得成果及经验的总结，溢油应急与处置工作应该被描述为一类具有复杂的庞大系统工程，其主要工作涵盖了以下多个方面的内容：

(1)研究制定和发布实施各级溢油应急与处置预案；

(2)研究规划和配置配备风险防范、应急反应与处置的设施设备；

(3)配套建立与运行溢油应急与处置的支持保障体系。

鉴于溢油应急与处置工作具有跨管理部门、跨影响地区、跨主营行业、跨专业领域的多方应急联动与协作特点，并且关系到交通、环保、海洋、渔业、旅游、清污单位、船东、保险、沿岸工业、石油生产等众多利益攸关者的切身权益，要解决关于溢油污染损害的监视监测、预测预警、应急决策、风险防范、鉴定评估、预防和减缓技术和装备研发、应急体系建设及其业务化等一系列复杂的科学技术问题，在开展各项溢油应急工作中，特别需要加强相关技术开发与试验研究，同步建立和完善相应的理论和技术方法及标准体系，予以规范和指导。

尽管近年来我国在溢油污染事故风险防范与应急领域取得了较大的进步，具备了一定的应急处置能力，但是，该领域的应急体系建设和运行仍处于比较薄弱的阶段，加之涉及了复杂环境污染应急的世界性难题，特别需要必要的能力建设和科技支撑，因而也就更为需要持续地对相关研发予以深化，对应急处置技术和装备予以改进，对应急处置能力予以提升，并需要加强人员培训、应急响应演练、污染损害评估、生态损失修复等等。

总体而言，溢油应急运行体系包括了政策法规标准体系、组织指挥监管体系、监测预警决策体系、装备队伍响应体系、培训演练处置体系、支持保障协作体系，其有效运行需要得到科学应急支撑体系的支持，主要支持工作包括法规标准预案制定、风险分析及其防范、预测预警监测决策、维护处置培训演练、影响评估修复赔偿、方案装备研发试验，如图 2.1-1 所示。无论是溢油应急运行体系各项组成的建设，还是科学应急支撑体系各方面工作的开展，客观上都需要经历逐步发展完善和持续改进提升的过程。

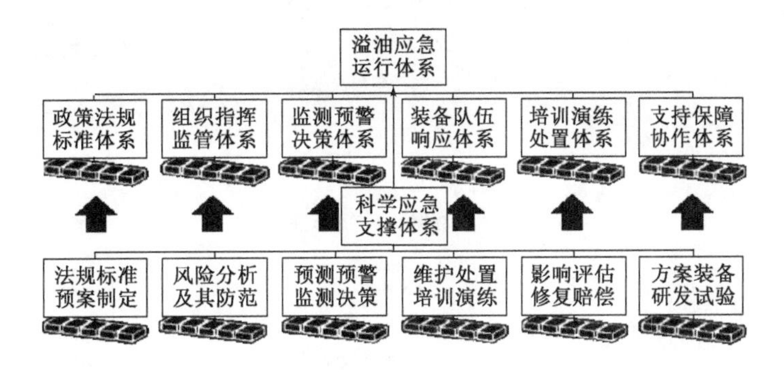

图 2.1-1　依托于科学应急支撑体系的溢油应急运行体系示意图

综上所述，为了将溢油污染风险防控、应急能力建设、应急体系运行维护、应急技术创新研发纳入常态化、业务化、科学化、系统化的可持续发展轨道，杜绝“浅尝辄止”“掉以轻心”“半途而废”，迫切需要在现有基础上一步一个脚印地持续努力，攻坚克难，同步加强溢油应急运行体系和配套的科学应急支撑体系的建设、运行、更新、完善，真正做到“常备不懈”，积极有效地应对各类突发溢油污染事件，及时、妥善地处置污染损害和开展恢复重建，将溢油环境风险及污染损害尽可能降低到最低程度，确保实现安全绿色发展与保护生态环境和人民身体健康的目标。

2.1.2　溢油污染风险源及其环境损害受体

石油在其开采、加工、存储和运输的过程中存在着诸多发生安全事故和环境污染的风险隐患。国内外沿江沿海往往分布多个石化码头、生产企业、大型储罐，以方便大宗原料和产品的水路运输，此类设施发生泄漏以及船舶运输事故、海上石油平台勘探开发泄漏事故、海底石油管线破损事故等，均会造成水上、水下及沿岸环境的溢油污染损害并威胁人体健康。此外，陆地上的公路、铁路石油运输，以及汽车加油站、输油管线运行在国内外亦相当普遍，一旦发生泄漏事故，极易导致对土壤、动植物、淡水及地下水等陆域生态系统以及人们的食品和饮用水安全造成危害。曾经发生的多起各类溢油事故已经造成了对海洋、淡水和陆地生态环境的污染损害，引起了国际社会的高度关注，相关的应急处置技术和装备近年来得到了长足的发展。

由于溢油应急与处置要针对多种类型事故或风险源以及多种环境介质的多种污染损害（图 2.1-2 和图 2.1-3），溢油应急理论及试验的重点内容为：

（1）不同类型溢油事故的风险源项辨识与监控，以及事故风险的防控；

（2）不同类型环境污染损害的规律与判定、预测、预警方法；

（3）不同类型环境污染损害的防控对策、技术、装备、人员、信息、预案、方案、指挥、协作、监测、调查、取证、恢复等；

（4）配套政策、法规、标准、试验、培训、演练、能力建设等。

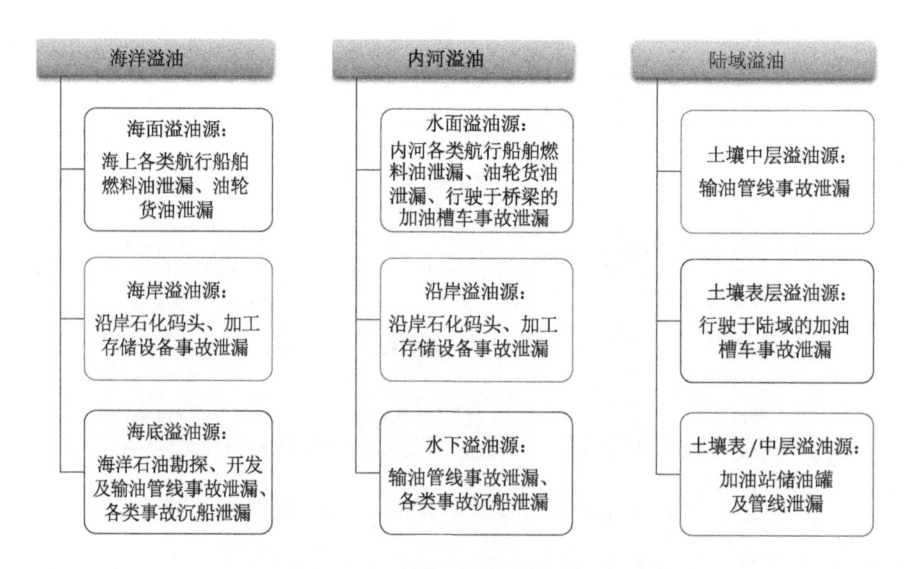

图 2.1-2　溢油应急与处置所针对的事故或风险源分类示意图

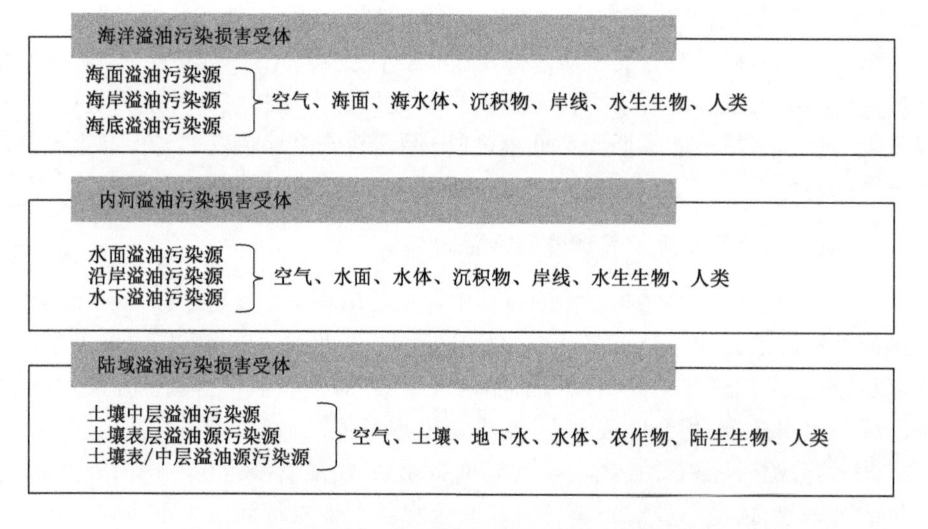

图 2.1-3　溢油应急与处置所针对的多种污染损害受体示意图

2.1.3　溢油应急与处置主要技术装备及目标、任务

溢油应急与处置技术和装备应能够对溢油应急体系常态化的工作予以全方位的有力支持，因此，其涵盖范围非常广泛。

围绕着“溢油应急及处置体系的规划、建设、设计、运行、维护、监管、研发、协作”等主题，已经形成了“加强科学技术研究、成套装备研发、对策方案优化，支持科学化应急”的理念，其目标是能够满足溢油应急与处置中的“会商”“预警”“处置”“分析”“检测”“试验”“培训”“演练”等多方面工作对应急技术和装备等能力建设的迫切需求，具体任务关联图详见图 2.1-4。

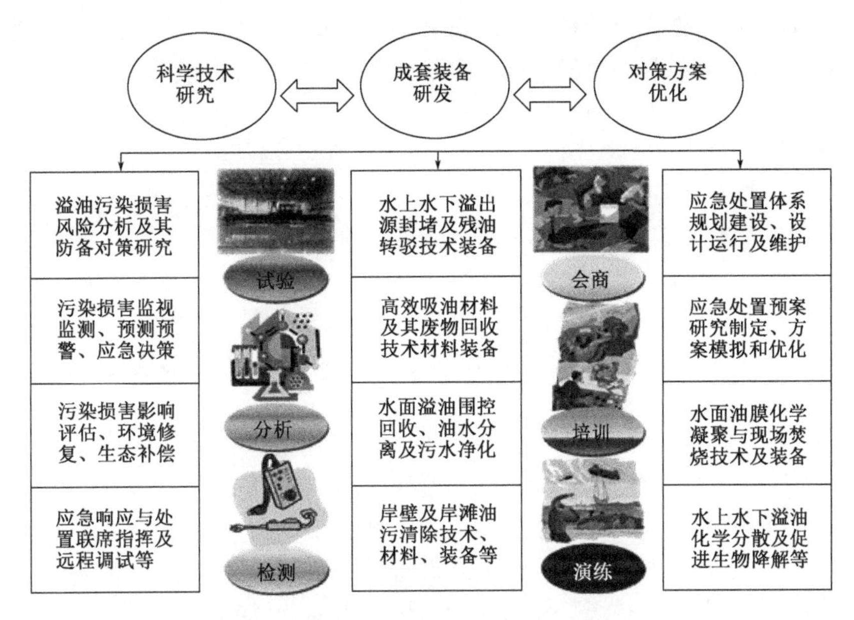

图2.1-4 融入科学化应急理念的溢油应急与处置技术和装备任务图

对图2.1-4所涉及的溢油应急技术和装备的具体任务描述如下：

(1)溢油污染损害风险分析及其防备对策研究与试验；

(2)污染损害监视监测、跟踪鉴别、预测预警、应急决策分析、研究与试验；

(3)污染损害影响评估、环境修复、生态补偿研究、分析及试验；

(4)应急响应与处置联席指挥及远程调度等研究、会商与分析；

(5)水上、水下及陆域溢油源封堵及残油转泊技术装备研发、试验、检测、培训与演练；

(6)高效吸油材料及其废物回收技术材料装备研发、试验、检测、培训与演练；

(7)水面、半潜及沉潜溢油围控、回收技术、材料、装备研发、试验、检测、培训与演练；

(8)岸壁、岸滩及沉积物油污清除技术、材料、装备研发、试验、检测、培训与演练；

(9)应急处置预案研究制定、方案模拟和优化及其会商、培训、演练；

(10)水面油膜化学凝聚与现场焚烧技术及装备研发与应用；

(11)水上水下溢油化学分散及促进生物降解技术、材料、装备研发、试验、检测、培训与演练，等等。

2.2 溢油应急标准体系的构建

2.2.1 目标和功能

在经济、技术、科学及管理等社会实践中，对重复性事物和概念，通过制定、发布和实施标准，达到统一规范，以此来获得最佳秩序和良好的社会效益，业已成为人类文明发展和进步的重要标志。溢油应急标准体系作为溢油应急理论体系的重要组成部分，其由相关领域及范围的标准按一定的形式排列架构，是溢油应急系统工程理论在标准化工作中的一种应用，包括了溢油应急领域现有、应有和将有标准的全面蓝图，旨在以现代化的管理方法来促进溢油应急标准的组成达到科学合理化。

溢油应急标准体系作为交通易发事故安全应急标准体系中相对独立的一大类科学技术标准体系，其研究、构建和落实对于推进本领域科学技术理论和方法及装备发展与应用的标准化工作具有重要意义。为此，宜重点围绕溢油应急与处置的主要工作，立足我国实际，充分借鉴国际标准，尽快构建和形成科学完整的溢油应急与处置理论、技术方法和装备标准体系，紧密跟踪国内外发展趋势及科技创新成果，加快建立与行业技术发展水平相适应的标准体系，不断强化标准的实施效果，切实提高标准实施的有效性和实用性。

溢油应急标准体系应具备全面、成套地规范和指导溢油应急与处置技术和装备的研究、开发、试验、应用、培训、演练等工作的功能，编制时应充分研究可预计到的溢油应急理论、技术、管理领域需要协调、统一的各种事物和概念，力求在一定范围内形成完整、可利用的标准体系。

溢油应急标准体系应层次分明，根据具体标准的适用范围，恰当地将其安排在相应的层级和分类中。体系的设计应尽量扩大标准的适用范围，或尽量将标准安排在较高的适宜层级中，也即：在大范围内协调统一的标准不应置于数个小范围内各自制定，以便达到体系组成尽量合理、简化。当然，不宜在大范围内协调统一的标准也不应安排在较高的层级中。

溢油应急标准体系应具备规范和指导相关标准由复杂、混乱向科学、合理、简化发展的功能，其编制应避免大量的重复，因此要做到每个标准都须安排在其恰当的层级中。此外，体系的架构还应力求划分明确，尽可能将标准按行业、专业或门类分类归属。考虑到涉及溢油应急与处置的技术、装备内容繁多，其种类的划分建议按工作的专业属性分为以下六个方面：①风险防控监管；②应急组织指挥；③应急辅助决策；④应急响应处置；⑤损害评估赔偿；⑥日常培训演练。

具体而言，溢油应急标准体系应有助于构建和形成如下的技术、装备、管理及服务体系：

(1)溢油风险分析与防范对策规划；

(2)溢油应急组织、指挥、调度；

(3)溢油监测、跟踪、预测、预警与应急辅助决策；

(4)溢油应急与处置方案和装备的研发、试验、检测、响应、处置；

(5)溢油环境影响评价、损害评估与赔偿、生态修复；

(6)溢油应急装备维护、人员培训、应急反应演练。

2.2.2 溢油应急标准体系的架构设置

溢油应急标准体系总体上是一个既相对独立，又涉及跨学科、跨行业、跨部门相关标准内容的标准体系，其主体可纳入交通易发事故安全应急标准体系的范畴，例如可列入交通运输技术标准体系中的水运标准第402安全应急类别之中，所涉标准内容可由交通运输航海安全标准化委员会负责牵头组织制修订。同时，作为一个相对独立的技术标准体系，溢油应急标准体系也可纳入由国家其他标准化委员会牵头组织制修订的相关标准，以保证形成完整的溢油应急标准体系。

依据《关于对标准体系表的编写及格式进行统一的通知》(科教技术函字〔2002〕151号)和《标准体系表编制原则和要求》(GB/T 13016—2018)，本书提出了《溢油应急标准体系表》(建议稿)(详见附录)，其主体架构分为以下四个层级：第一层级参考航海安全领域涵盖的基础、管理、技术、服务、产品等标准类型，设置6个部分，包括基础标准、管理标准、技术标准、服务标准、产品标准和其他标准，编号为 1. X（X 取 1 ~6），具体标准内容的解释如下：

（1）基础标准：主要指有关溢油应急领域的术语、基础概念及解释等标准。

（2）管理标准：主要指有关溢油应急领域的工作规程、业务流程等用于规范各项管理工作的标准。

（3）技术标准：主要指有关溢油应急领域的专业技术规范等。

（4）服务标准：主要指有关溢油应急领域用于规范检验、检测、试验等活动的标准。

（5）产品标准：主要指有关溢油应急领域产品的标准。

（6）其他标准：是指无法归纳为上述五类的相关标准。

为便于独立划分溢油应急相关领域，在标准体系的各主要方面所对应的第二层级，都单独设置了“污染事故应急”分支领域，编号为 1. X. Y，Y 可根据溢油应急标准体系所隶属的总体标准体系的相关设置情况，选用相应的具体取值。

鉴于溢油应急与处置工作既包括突发污染事故的应急决策与处置，也包括日常的应急准备及培训演练，因此，在溢油应急标准体系的第三层级，按照污染事故防备、应急与处置的工作流程，将相关标准划分为风险防控监管、应急组织指挥、应急辅助决策、应急响应处置、损害评估赔偿 5 个阶段，再加上日常培训演练，共 6 个部分，编号为 1. X. Y-Z，Z 取值为 1 ~6。

溢油应急标准体系的第四层级为具体的标准信息，包含：标准体系表编号、现有标准号、标准名称、宜定级别、国际/国外标准号及采用的关系、被替代标准号或作废等信息。

2.2.3　纳入标准体系的标准分类统计

在充分调研分析 IMO 相关国际公约和技术文件，美国、法国、挪威、日本、韩国等发达国家溢油应急与处置技术及装备、试验条件、方法、标准以及对我国适应性、国内外溢油应急与处置对策、经验、现状基础上，本书系统性地汇总提出了《溢油应急标准体系表》（建议稿），见附录。该体系表示范性地纳入标准 229 项，截至 2021 年 5 月的分类统计情况详见表 2.2-1、表 2.2-2，以及图 2.2-1。

溢油应急标准体系表分序列统计表　　表 2.2-1

代　码	分　类	已发布项目数		新增项目数		合计
		国标	行标	国标	行标	
1.1	**基础标准**	**1**	**2**	**14**	**7**	**24**
1.1.Y	**污染事故应急**	**1**	**2**	**14**	**7**	**24**
1.1.Y-1	风险防控监管	1	0	0	0	1
1.1.Y-2	应急组织指挥	0	1	0	0	1
1.1.Y-3	应急辅助决策	0	0	2	2	4
1.1.Y-4	应急响应处置	0	1	1	4	6
1.1.Y-5	损害评估赔偿	0	0	11	0	11
1.1.Y-6	日常培训演练	0	0	0	1	1
1.2	**管理标准**	**4**	**16**	**5**	**14**	**39**
1.2.Y	**污染事故应急**	**4**	**16**	**5**	**14**	**39**

续上表

代　码	分　类	已发布项目数		新增项目数		合计
		国标	行标	国标	行标	
1.2.Y-1	风险防控监管	0	9	0	1	10
1.2.Y-2	应急组织指挥	1	0	2	0	3
1.2.Y-3	应急辅助决策	1	1	0	10	12
1.2.Y-4	应急响应处置	0	3	0	2	5
1.2.Y-5	损害评估赔偿	2	3	3	0	8
1.2.Y-6	日常培训演练	0	0	0	1	1
1.3	**技术标准**	**5**	**9**	**6**	**27**	**47**
1.3.Y	**污染事故应急**	**5**	**9**	**6**	**27**	**47**
1.3.Y-1	风险防控监管	1	5	0	9	15
1.3.Y-2	应急组织指挥	0	0	0	0	0
1.3.Y-3	应急辅助决策	0	0	0	5	5
1.3.Y-4	应急响应处置	1	1	1	10	13
1.3.Y-5	损害评估赔偿	3	3	5	3	14
1.3.Y-6	日常培训演练	0	0	0	0	0
1.4	**服务标准**	**0**	**33**	**2**	**26**	**61**
1.4.Y	**污染事故应急**	**0**	**33**	**2**	**26**	**61**
1.4.Y-1	风险防控监管	0	27	1	0	28
1.4.Y-2	应急组织指挥	0	0	0	0	0
1.4.Y-3	应急辅助决策	0	2	0	2	4
1.4.Y-4	应急响应处置	0	4	1	24	29
1.4.Y-5	损害评估赔偿	0	0	0	0	0
1.4.Y-6	日常培训演练	0	0	0	0	0
1.5	**产品标准**	**1**	**26**	**3**	**24**	**54**
1.5.Y	**污染事故应急**	**1**	**26**	**3**	**24**	**54**
1.5.Y-1	风险防控监管	0	6	1	1	8
1.5.Y-2	应急组织指挥	0	0	0	0	0
1.5.Y-3	应急辅助决策	0	5	0	10	15
1.5.Y-4	应急响应处置	1	15	2	11	29
1.5.Y-5	损害评估赔偿	0	0	0	0	0
1.5.Y-6	日常培训演练	0	0	0	2	2
1.6	**其他标准**	**0**	**0**	**2**	**2**	**4**
1.6.Y	**污染事故应急**	**0**	**0**	**2**	**2**	**4**
1.6.Y-1	风险防控监管	0	0	2	0	2
1.6.Y-2	应急组织指挥	0	0	0	0	0

续上表

代　码	分　类	已发布项目数		新增项目数		合计
		国标	行标	国标	行标	
1.6.Y-3	应急辅助决策	0	0	0	0	0
1.6.Y-4	应急响应处置	0	0	0	0	0
1.6.Y-5	损害评估赔偿	0	0	0	0	0
1.6.Y-6	日常培训演练	0	0	0	2	2
合计		11	86	32	100	229

注:已发布的标准类文件作为现有标准纳入统计。

标准统计表　　表2.2-2

统计项	应有数(个)	现有数(个)	现有数/应有数(%)
国家标准	43	11	25.58%
行业标准	186	86	46.24%
共计	229	97	42.36%
基础标准	24	3	12.50%
管理标准	39	20	51.28%
技术标准	47	14	29.79%
服务标准	61	33	54.10%
产品标准	54	27	50.00%
其他标准	4	0	0
共计	229	97	42.36%

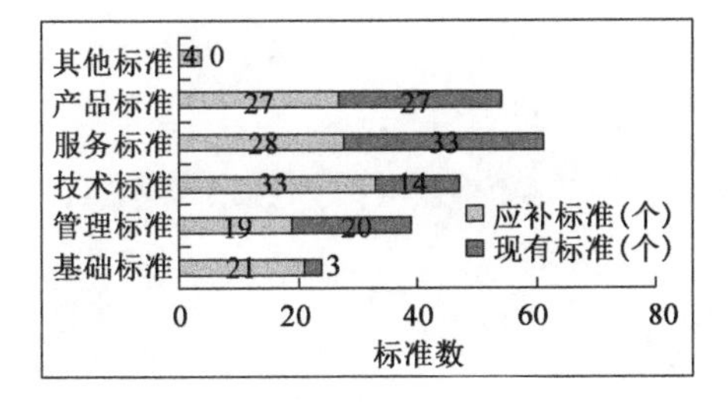

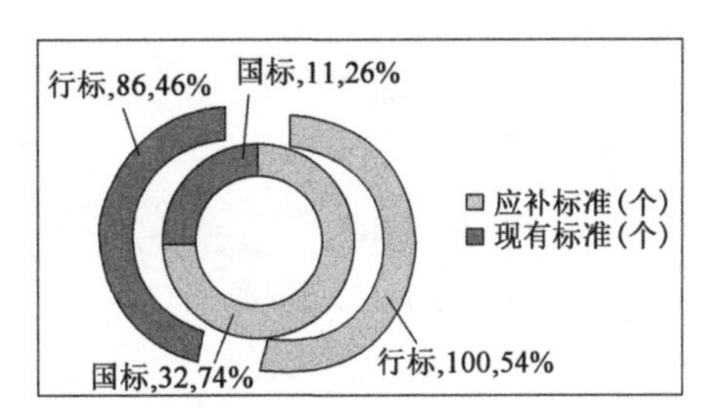

图2.2-1　溢油应急标准体系表应有、现有标准分类统计图

注:应有标准＝现有标准＋应补标准

2.2.4　标准体系表的发布实施与修订建议

在上述《溢油应急标准体系表》(建议稿)研究成果基础上,建议由交通运输部牵头,联合相关部门,共同发布实施《溢油应急标准体系表》,将适用标准纳入交通运输标准体系表,其他内容纳入国家相关标准化委员会标准体系表,分别列入标准制修订计划,并由原起草单位持续定期修订完善《溢油应急标准体系表》,由相关单位承担完成标准的研究、制修订等工作。

2.3 溢油应急与处置试验相关标准分析

溢油应急与处置试验相关标准以科学、系统地支持溢油应急与处置试验系统的建设和运行为编制目标，其由十类建议标准构成（图 2.3-1），相关建议标准名录已纳入《溢油应急标准体系表》（详见表 2.3-1、图 2.3-2），主要包括以下类型：

（1）溢油应急与处置实验室检验试验规程第 1～12 部分（建议行业推荐标准 12 项），体系表编号：1.4. Y-4.16～1.4. Y-4.27；

（2）海洋仪器基本环境试验方法（行业标准 26 项），体系表编号：1.4. Y-1.1～1.4. Y-1.26；

（3）其他围油栏/收油机/浮动油囊/吸油材料性能测试标准（建议行业推荐标准 6 项），体系表编号：1.4. Y-4.8～1.4. Y-4.13；

（4）溢油鉴别标准（建议国家标准 5 项，已有国家、行业标准 3 项），体系表编号：1.3. Y-5.1～1.3. Y-5.6、1.3. Y-5.10～1.3. Y-5.11；

（5）其他分散剂性能测试标准（建议及已有行业标准 5 项），体系表编号：1.3. Y-1.11～1.3. Y-1.15；

（6）航空摄影成果质量检验技术规程（行业标准 5 项），体系表编号：1.4. Y-1.27、1.4. Y-4.3～1.4. Y-4.6；

（7）其他溢油浮标测试标准（建议行业推荐标准 2 项），体系表编号：1.4. Y-4.1～1.4. Y-4.2；

（8）溢油环境污染损害判定准则第 8～9 部分（建议国家标准 2 项），体系表编号：1.1. Y-5.8～1.1. Y-5.9；

（9）其他溢油应急人员培训标准（建议行业标准 2 项），体系表编号：1.1. Y-6.1、1.6. Y-6.2；

（10）其他相关标准 4 项，体系表编号：1.3. Y-1.9、1.3. Y-5.12、1.4. Y-1.28、1.6. Y-1.2。

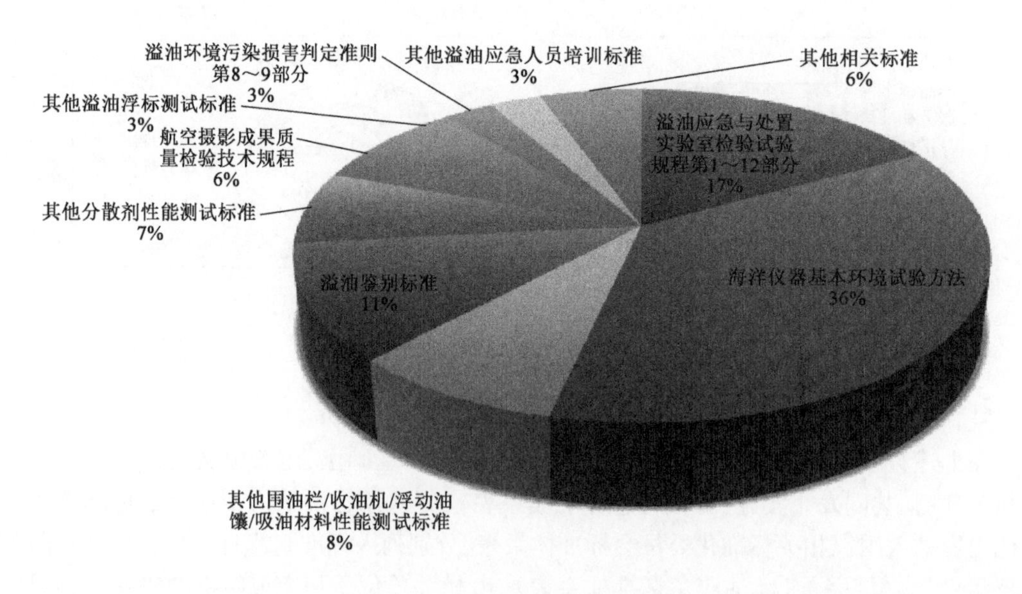

图 2.3-1　溢油应急与处置试验相关标准分类图

溢油应急与处置相关试验标准建议名录　表 2.3-1

序号	体系表编号	标准状态	标准名称	建议级别
1	1.1.Y-5.8	建议制定	溢油环境污染损害判定准则　第 8 部分:溢油环境污染损害模拟仿真试验规程	GB
2	1.1.Y-5.9	建议制定	溢油环境污染损害判定准则　第 9 部分:溢油环境污染损害评估模型验证方法	GB
3	1.1.Y-6.1	建议制定	溢油应急响应人员培训及考核指南	JT
4	1.3.Y-1.9	SN/T 4622—2016	入境环保用微生物菌剂符合性检验规程	—
5	1.3.Y-1.11		生物分散剂试验条件标准	JT
6	1.3.Y-1.12	建议制定	分散百分率试验方法	JT
7	1.3.Y-1.13	建议制定	使用旋转瓶进行溢油分散剂效果试验室测试方法	JT
8	1.3.Y-1.14	建议制定	生物型溢油分散剂试验方法	JT
9	1.3.Y-1.15	HY 044—1997	海洋石油勘探开发常用溢油分散剂性能指标及检验方法	—
10	1.3.Y-5.1	GB/T 21247—2007	海面溢油鉴别系统规范	—
11	1.3.Y-5.2	建议制定	红外光谱法比较水路石油的标准试验方法	GB
12	1.3.Y-5.3	建议制定	气相色谱法比较水路石油的标准试验方法	GB
13	1.3.Y-5.4	建议制定	荧光分析法比较水路石油的标准试验方法	GB
14	1.3.Y-5.5	建议制定	溢油鉴定　水面石油及石油产品　第一部分:采样	GB
15	1.3.Y-5.6	建议制定	溢油鉴定　水面石油及石油产品　第二部分:分析方法和结果解析	GB
16	1.3.Y-5.10	JT/T 862—2013	水上溢油快速鉴别规程	—
17	1.3.Y-5.11	JT/T 1190—2018	水上溢油的稳定同位素指纹鉴定规程	—
18	1.3.Y-5.12	建议制定	溢油污染防备、应急处置及评估试验费率标准	JT
19	1.4.Y-1.1	HY 016.10—1992	海洋仪器基本环境试验方法试验 Ka:盐雾试验	—
20	1.4.Y-1.2	HY 016.11—1992	海洋仪器基本环境试验方法试验 Fc:振动试验	—
21	1.4.Y-1.3	HY 016.1—1992	海洋仪器基本环境试验方法总则	—
22	1.4.Y-1.4	HY 016.12—1992	海洋仪器基本环境试验方法试验 Ea:冲击试验	—
23	1.4.Y-1.5	HY 016.13—1992	海洋仪器基本环境试验方法试验 Eb:连续冲击试验	—
24	1.4.Y-1.6	HY 016.14—1992	海洋仪器基本环境试验方法试验 Ec:倾斜和摇摆试验	—
25	1.4.Y-1.7	HY 016.15—1992	海洋仪器基本环境试验方法试验 Q:水静压力试验	—
26	1.4.Y-1.8	HY 016.2—1992	海洋仪器基本环境试验方法试验 A:低温试验	—

续上表

序号	体系表编号	标准状态	标准名称	建议级别
27	1.4. Y-1.9	HY 016.3—1992	海洋仪器基本环境试验方法试验 Ha:低温储存试验	—
28	1.4. Y-1.10	HY 016.4—1992	海洋仪器基本环境试验方法试验 B:高温试验	—
29	1.4. Y-1.11	HY 016.5—1992	海洋仪器基本环境试验方法试验 Hb:高温储存试验	—
30	1.4. Y-1.12	HY 016.6-1992	海洋仪器基本环境试验方法试验 N:温度变化试验	—
31	1.4. Y-1.13	HY 016.7—1992	海洋仪器基本环境试验方法试验 Ca:恒定湿热试验	—
32	1.4. Y-1.14	HY 016.8—1992	海洋仪器基本环境试验方法试验 Db:交变湿热试验	—
33	1.4. Y-1.15	HY 016.9—1992	海洋仪器基本环境试验方法试验 J:长霉试验	—
34	1.4. Y-1.16	HY 021.10—1992	海洋仪器基本环境试验方法倾斜和摇摆试验导则	—
35	1.4. Y-1.17	HY 021.11—1992	海洋仪器基本环境试验方法水静压力试验导则	—
36	1.4. Y-1.18	HY 021.1—1992	海洋仪器基本环境试验方法高温低温试验导则	—
37	1.4. Y-1.19	HY 021.2—1992	海洋仪器基本环境试验方法高温低温储存试验导则	—
38	1.4. Y-1.20	HY 021.3—1992	海洋仪器基本环境试验方法湿热试验导则	—
39	1.4. Y-1.21	HY 021.4—1992	海洋仪器基本环境试验方法温度变化试验导则	—
40	1.4. Y-1.22	HY 021.5—1992	海洋仪器基本环境试验方法长霉试验导则	—
41	1.4. Y-1.23	HY 021.6—1992	海洋仪器基本环境试验方法盐雾试验导则	—
42	1.4. Y-1.24	HY 021.7—1992	海洋仪器基本环境试验方法振动试验导则	—
43	1.4. Y-1.25	HY 021.8—1992	海洋仪器基本环境试验方法冲击试验导则	—
44	1.4. Y-1.26	HY 021.9—1992	海洋仪器基本环境试验方法连续冲击试验导则	—
45	1.4. Y-1.27	CH/T 1018—2009	测绘成果质量监督抽查与数据认定规定	—
46	1.4. Y-1.28	建议制定	溢油环境污染损害判定指标灵敏度、时效性、溯源及量化能力测评技术规程	GB
47	1.4. Y-4.1	建议制定	船舶溢油报警装置　第3部分:产品检验规程	JT
48	1.4. Y-4.2	建议制定	溢油跟踪浮标产品检验试验指南	JT
49	1.4. Y-4.3	CH/T 1027—2012	数字正射影像图质量检验技术规程	—
50	1.4. Y-4.4	CH/T 1029—2012	航空摄影成果质量检验技术规程　第1部分:常规光学航空摄影	—
51	1.4. Y-4.5	CH/T 1029.2—2013	航空摄影成果质量检验技术规程　第2部分:框幅式数字航空摄影	—

续上表

序号	体系表编号	标准状态	标准名称	建议级别
52	1.4.Y-4.6	CH/T 1029.3—2013	航空摄影成果质量检验技术规程　第 3 部分：推扫式数字航空摄影	—
53	1.4.Y-4.8	建议制定	围油栏抗拉强度的测试方法	JT
54	1.4.Y-4.9	建议制定	受控环境下围油栏性能数据的搜集指南	JT
55	1.4.Y-4.10	建议制定	围油栏浮重比确定指南	JT
56	1.4.Y-4.11	建议制定	收油机的油水混合物取样方法	JT
57	1.4.Y-4.12	建议制定	浮动油囊抗拉强度试验方法	JT
58	1.4.Y-4.13	建议制定	吸油材料性能检测试验方法	JT
59	1.4.Y-4.14	建议制定	空中应用溢油分散剂确定沉降的试验方法	JT
60	1.4.Y-4.16	建议制定	溢油应急与处置实验室检验试验规程　第 1 部分:溢油清污技术和装备性能综合试验方法	JT
61	1.4.Y-4.17	建议制定	溢油应急与处置实验室检验试验规程　第 2 部分:收油机回收速率、回收效率试验方法	JT
62	1.4.Y-4.18	建议制定	溢油应急与处置实验室检验试验规程　第 3 部分:受控环境下围油栏围控性能测试指南	JT
63	1.4.Y-4.19	建议制定	溢油应急与处置实验室检验试验规程　第 4 部分:溢油分散剂性能测试标准方法	JT
64	1.4.Y-4.20	建议制定	溢油应急与处置实验室检验试验规程　第 5 部分:溢油跟踪监测设备性能测试标准	JT
65	1.4.Y-4.21	建议制定	溢油应急与处置实验室检验试验规程　第 6 部分:吸油材料及收放装置性能测试标准	JT
66	1.4.Y-4.22	建议制定	溢油应急与处置实验室检验试验规程　第 7 部分:溢油清污人员操作培训规程	JT
67	1.4.Y-4.23	建议制定	溢油应急与处置实验室检验试验规程　第 8 部分:溢油风化试验方法	JT
68	1.4.Y-4.24	建议制定	溢油应急与处置实验室检验试验规程　第 9 部分:多生境多营养级溢油扩散参数与毒性指标测试方法	JT
69	1.4.Y-4.25	建议制定	溢油应急与处置实验室检验试验规程　第 10 部分:石油污染降解菌降解效率及最优降解条件测定方法	JT
70	1.4.Y-4.26	建议制定	溢油应急与处置实验室检验试验规程　第 11 部分:岸线溢油清除装备清除效果测试标准	JT
71	1.4.Y-4.27	建议制定	溢油应急与处置实验室检验试验规程　第 12 部分:岸线溢油生态修复效果测试标准	JT
72	1.6.Y-1.2	建议制定	溢油风险源遥感图像分析指南	JT
	1.6.Y-6.2	建议制定	溢油应急响应人员实操培训指南	JT

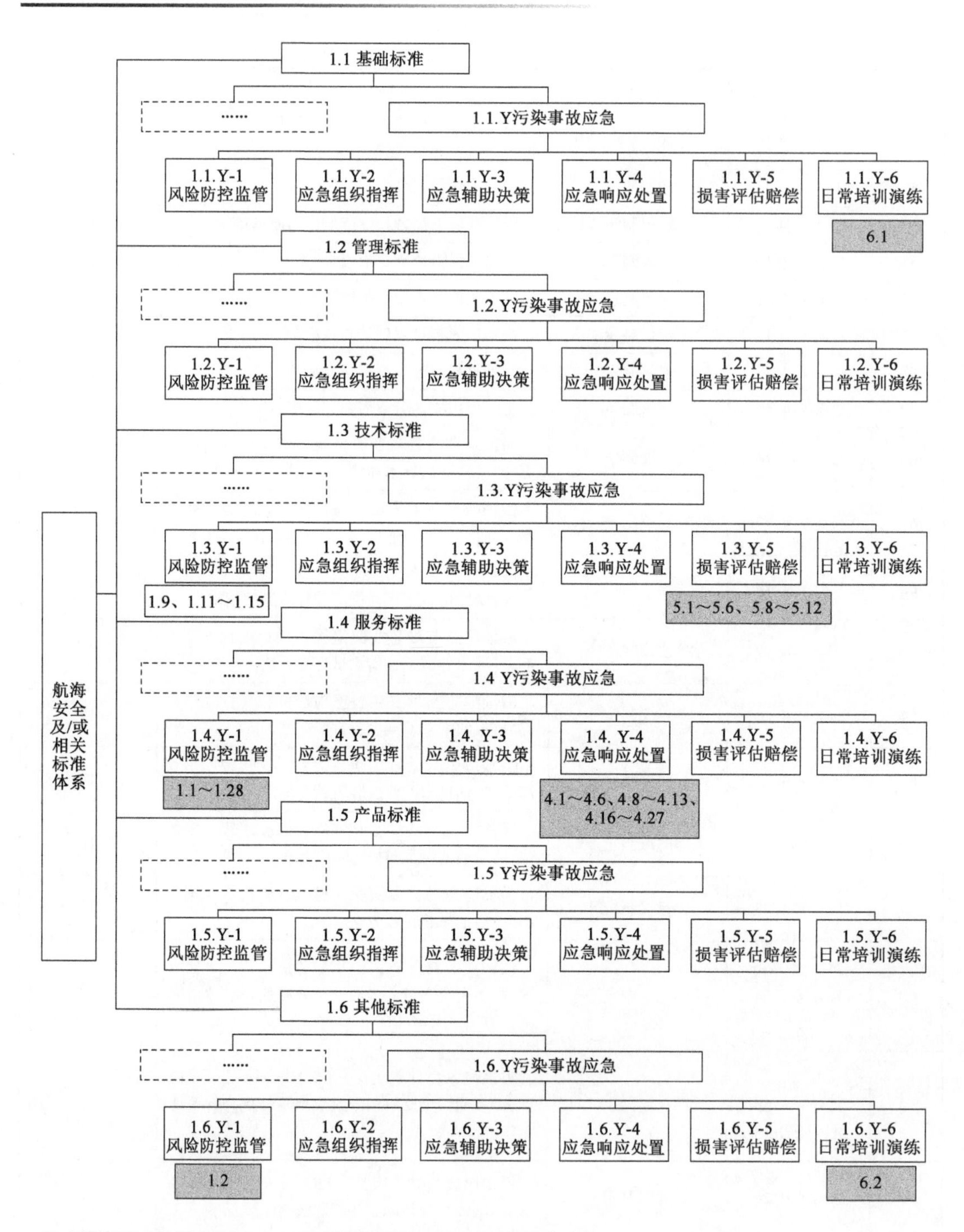

注：阴影框图内的数字为表2.3-1中试验相关标准在体系表中的末位编号

图2.3-2 溢油应急与处置试验相关标准在溢油应急标准体系表位置图

第3章 溢油清除及支持保障技术管理相关标准需求分析

溢油的清除方法主要分为四种类型，即：原位燃烧浮油法、生物法、化学分散法和物理回收法等。其中，物理回收法涉及的应急处置设备包括收油机、围油栏及吸油材料等。

实践经验显示，溢油的清除不仅需要上述清除技术和装备、队伍，还需支持保障技术和装备，否则难以见效。例如，应用溢油跟踪浮标来跟踪监测溢油，以及应用溢油预测预警模型来预先了解溢油扩散的范围和对环境敏感资源的影响，便于应急指挥部及时准确地掌握溢油污染的动向和环境条件状况，按照应急预案和技术装备人员状况制定清污方案，指挥调动相关方面应急资源，采取最佳的溢油清除方案，将溢油污染损害降低到尽可能低的程度。上述为溢油清除提供支持保障的技术和装备贯穿于风险防控监管、应急组织指挥、应急辅助决策、应急响应处置、损害评估赔偿5个应急处置阶段以及日常培训演练之中，对于提升溢油清污效果具有重要意义。

上述溢油清除及其支持保障的技术和装备在科学技术研究、成套装备研发、对策方案优化、业务化配备应用等方面，均需要获得相应的基础标准、管理标准、技术标准、服务标准、产品标准、其他标准的规范和指导。

3.1 收油机

收油机是指专门设计用于回收水面溢油/油水混合物而不改变其物理、化学特性的机械装置。收油机的基本工作原理是利用油和油水混合物的流动特性、油水的密度差及材料对油/油水混合物的吸附性，将油从水面上分离出来。

收油机主要由收油头、传输系统和动力站三部分组成。收油头使油水分离；传输系统是将回收的油水混合物输送到储存装置的系统，主要包括输油泵、输油管和卷管架等；动力站给收油头、输油泵等设备提供动力。

3.1.1 收油机分类及工作原理

目前国内外投入使用的收油机根据工作原理的不同和结构的差异分为多种类型，主要包括：堰式、转筒/转盘/转刷式、真空式、带式、绳式及其他类型收油机。

国际上比较典型的收油机产品，有英国Vikoma公司的盘式收油机、美国Slickbar公司的动态斜面式（DIP）收油机（下行带式收油机）、芬兰Lamor公司的刷式收油机、挪威Framo公司的堰式收油机、丹麦Ro-Clean公司的复合式收油机等等。

（1）堰式收油机

堰式收油机的工作原理是利用溢油重力和流动性，调整堰式收油机的堰边刚好低于油膜表面,让油通过堰边流进集油器,通过泵将集油器内的溢油泵送到储油容器。堰式收油机对风浪的敏感度高,在有波浪时的回收效率下降很快,浪大时不到1%。堰式收油机对油层的敏感性高,回收薄油膜时的回收效率极低。另外,堰式收油机的堰口易被堵塞,不适合回收高黏度溢油,并且易受到垃圾堵塞的影响。堰式收油机在有水流和风浪的情况下,回收效率极低,有时回收的水达到95%以上,因而会造成溢油现场储油能力的严重不足,甚至因为无法储存回收物而使收油船无法继续工作。

(2)转筒/转盘/转刷式收油机

转筒/转盘/转刷式收油机是利用对溢油具有黏附性的材料(如盘片、圆筒、刷子等)的连续运动,将具有一定黏度的溢油带离水面,并利用其他装置将油从黏附材料上分离下来,达到回收溢油的目的。转筒/转盘/转刷式收油机根据所用的吸附材料不同,所适应的油种也有所不同。

转筒/转盘/转刷式收油机需将油带离水,受波浪的影响大;要求有较厚的油层,需要围油栏的配合使用;而且绝大多数对低黏度的油几乎不起作用;而对大多数高黏度溢油而言,当重力较大而超过收油机黏附材料对油的黏力时,油将在回收的过程中滑落,从而降低了回收速率;对于已乳化了的溢油,油的黏附力很小,收油机也无法回收到溢油。

(3)真空式收油机

真空式收油机的工作原理是利用真空泵在收油头处产生真空,将水面上或地面上的溢油吸入真空储油罐内。真空抽吸式收油机对油层的厚度敏感性高,不适用于回收薄的油层;回收效率低,只适用于岸滩、港口和平静水域。

(4)带式收油机

带式收油机是利用与水面成一定角度的动态收油带回收水面溢油或油水混合物。按照收油带工作面运行方式,带式收油机可分为上行带式收油机、下行带式收油机(动态斜面式收油机)和上下行组合式带式收油机;按照带式收油机与船舶安装方式可分为船用内置带式收油机和船用外置带式收油机。

上行带式收油机是利用向上运行的收油带将油提升出油水表面,在收油带顶端,油和水被挤压或油被刮入至集油槽的带式收油机。下行带式收油机利用向下运行的收油带牵引油水混合物至收油带底部改向滚筒处的集油槽入口,油水混合物靠重力分离,集油槽底部排水、上部集油。上下行组合式带式收油机利用前置向上运行的网状传送带回收水面块状溢油和漂浮垃圾,再利用后置向下运行的收油带回收液态溢油。

上行带式收油机的回收速率主要由收油带的吸附能力决定。在3级海况条件下,上行带式收油机仍能保持较高的回收效率,适合中高黏度和不同类型的溢油,遇小块垃圾,仍能正常运转。

下行带式收油机利用水动力学原理回收水面溢油,并且能够在行进中回收溢油,最高相对水流速度可达5kn。该种收油机由于回收速率高,可达200m^3/h,可最大限度地利用溢油现场宝贵的泵力资源和储存空间,尤其是远离岸边的情况,因此可适用于大规模海上溢油应急反应;由于适用的溢油黏度范围宽,因此可回收各种黏度的溢油;由于受波浪的影响小,因此可以在较恶劣海况条件下工作。此外,该种收油机对油层厚度无特殊要求，不需要围油栏的配合；对溢油种类无特殊要求，也可回收乳化油；对水域垃圾影响较低，适用区域广。

上下行组合式带式收油机是前置向上运行的块状溢油和漂浮垃圾处理装置和后置向下运行的液态溢油回收装置的组合体，可有效打捞块状溢油和漂浮垃圾，避免溢油回收过程中输油泵堵塞失效现象的发生。

以上三种类型带式收油机均具有吃水较深、不适合浅水水域、结构复杂、体积大、设备造价高、需起重设备和船舶配合作业等局限性。

（5）绳式收油机

绳式收油机是利用漂浮吸附材料制成的环形收油绳吸附水面溢油，通过挤压辊将收油绳吸附的溢油挤压出并储存在集油槽中，其主要由挤压辊、集油槽、收油绳、动力站等部件组成。根据安装形式不同，绳式收油机可分为卧式（台车式）和立式（悬挂式）两种，适用于开阔水域的溢油回收。

绳式收油机具有随波性好，回收效率高、受水域垃圾影响低、覆盖面积大、结构简单、造价低、维护容易等特点。但绳式收油机也具有对海草适应性差、回收速率低、适应黏度范围窄、布放收油绳困难等缺点。

3.1.2 收油机回收效果影响因素

影响收油机回收效果的因素主要包括如下7类：

（1）溢油品种。主要指不同溢油的品种，其黏度和比重等物理指标具有明显区别，通常简单分为低、中、高黏度三种。

（2）油层厚度。可从1mm厚的薄油膜到2cm及以上厚度的厚油层。通常分为薄（1～10mm）、中（1～2cm）和厚（2cm以上）三种油层厚度。

（3）水面波浪。通常分为微波（静水区、港内）、涌浪（近岸，不见白浪花）、波浪（有明显的浪花）及大浪（带白浪花的涌浪，6级以上）四种。在静水环境试验条件下，所有类型的收油机均能具有良好的溢油回收效果。但在实际的水面状况条件中，收油机的回收效率和彻底性效率这两项性能指标会受到波浪的很大影响，随着波浪环境的恶劣，此两项指标将大幅降低。

（4）风力。因风而引起的风浪在一定程度上会对收油机的回收效率和彻底性效率造成一定的影响。除此之外，风还会影响收油机的布放和操作，当收油机在水上作业时，其竖直截面会产生帆的作用，从而引起收油机随风而动，使收油机的回收效果受到严重影响。

（5）水流。收油机作业通常需要围油栏围控溢油予以配合，但较大的水流流速会使围油栏失效，溢油从其下部溢出，间接影响收油机的回收效率和彻底性效率。

（6）环境温度。环境温度的高低直接影响溢油的物理状态，温度越低时，溢油黏度较高，甚至呈现固体状态，大部分收油机对此类状态的溢油无可奈何，对于黏附在冰面上的溢油更是难以处理。

（7）漂浮垃圾。溢油水域水面上往往漂浮废弃吸油毡等垃圾，由于输油泵泵体与转子的配合间隙较小，一旦垃圾进入到泵体内，会造成输油泵严重堵塞，进而失效。

3.1.3 收油机性能指标分析

收油机性能通常体现在溢油作业环境适应性能、回收性能、回收设备操作与维护性能三个方面的要素，分别由4项对比指标、4项技术指标、5项对比指标组成。

1）作业环境适应性能

（1）油品适应性

收油机在实际回收不同种类不同黏度溢油时有着不同的表现，其直接反映了收油机对油品的适应性。

（2）油层厚度适应性

收油机在实际收油作业中，收油性能会随着油层厚度的下降而降低。如果在回收不同油层厚度溢油时，收油机均能保证一定的回收性能，则可判定其油层厚度适应性较强。

（3）波浪适应性

波浪适应性是指收油机适应不同波浪高度状况的能力，即收油机在具有一定高度的波浪条件下，其彻底性效率和回收效率基本保持稳定时的波浪状态。

（4）垃圾适应性

垃圾适应性是指收油机适应不同种类、数量垃圾的能力，即在具有一定种类及数量垃圾的水面上收油机还能正常良好工作的能力。

2）溢油回收性能

（1）回收效率（ORE）

回收效率是指回收的纯油所占全部回收物（油+水）的百分比，该指标直接反映了不同型式收油机的工作效率，回收效率低的收油机会浪费大量宝贵的现场泵力和存储资源，后期的油水分离费用高昂。

（2）彻底性效率（TE）

彻底性效率是指能够一次性回收起来的油占收油机一次性接触到浮油的百分比。不同收油机的设计原理在很大程度上决定了本指标的高低，能够直接反映收油机回收浮油的速度。

（3）接触浮油的速度

接触浮油的速度是指在一定时间内所能够接触到的浮油量。本指标决定于各种收油机的设计原理及科学性，以及能否及能以多大的速度在行进中回收浮油。

（4）回收速率（FRR）

回收速率是指单位时间内收油机所回收的油水混合物量。

3）回收设备操作与维护性能

（1）结构简易度

指收油机中是否由较多活动部件组成。可活动的部件越多，设备越复杂，在运行当中越容易出现故障，使回收工作中断或无法进行，同时也影响到操作的简便度以及维修保养的难易、复杂程度。

（2）操作简易度

收油机操作越简易，操作人员的培训工作越少，则越能间接减少设备的故障率。

(3)布放简易度

收油机布防的简易程度决定了收油机投入使用时及回收操作中是否需要其他辅助设备(吊车、船舶等)的配合,协助进行现场安装布放。

(4)维修保养简易度

指在收油机长期存放及使用过程中是否容易损坏及老化,是否需要经常保养维修。通常收油机越复杂,对维修保养的要求越高。

收油机工作时由于受收油机本身性能和实际作业工况(油品、油膜厚度、环境条件)等因素的影响,其一般较难实现理想的收油速度和回收效率,回收的油水混合物中,水含量往往会高达80%,更甚者在水况恶劣、油膜过薄、水面垃圾过多等情况下,某些型式的收油机可能失效。所以,对收油机性能分析需综合考虑其回收性能、作业环境适应性能和回收设备操作与维护性能。

3.1.4 不同类型收油机作业性能对比分析

不同类型的收油机适用于不同的油品、油层厚度和水况条件,只有在其适用范围内作业,才能充分发挥作用,提高收油机的回收效率和彻底性效率。不同类型收油机的性能特点和适用范围详见表3.1-1。

不同类型收油机性能特点及适用范围　　表3.1-1

收油机类型		堰式收油机	转盘/筒式收油机	转刷式收油机	带式收油机		真空式收油机	绳式收油机
					上行带式	下行带式		
回收速率		高	低	低	中	高	中	低
回收效率		低	高	高	高	高	中	高
彻底性效率		低	低	中	高	高	中	低
行进速度		0	0	0	1kn	0~5kn	0	0
适合水域	开敞	√	√	√	√	√		√
	浅水	√	√		√	√	√	√
	岸滩						√	√
油品适应性	高黏度油			√	√	√		
	中黏度油	√	√		√	√	√	√
	低黏度油	√	√		√	√	√	√
油层厚度适应性		中	中	中	中	高	中	中
波浪适应性		差	中	中	好	好	差	好
垃圾适应性		低	中	中	高	高	高	高

续上表

收油机类型	堰式收油机	转盘/筒式收油机	转刷式收油机	带式收油机		真空式收油机	绳式收油机
				上行带式	下行带式		
水流适应性	低	中	中	高	高	中	高
操作性	差	中	中	好	好	好	好
维护性	好	中	中	好	好	好	中
布放方便性	好	好	好	中	中	好	中
耐用性	好	中	差	好	好	好	差
储存方便性	好	好	中	差	中	好	中

3.2 围油栏

3.2.1 围油栏类型及性能指标

1)围油栏类型

围油栏主要分为固体浮子式、栅栏式、外张力式、充气式、岸滩型和防火型围油栏。按照围油栏的使用区域不同,还可以将其分为港口型、海湾型、近海型和远海型围油栏。

国内外围油栏生产厂家很多,种类也很多,形式各异,但各种围油栏在基本结构上大同小异,基本上由浮体、裙体、张力带、配重和接头组成。

2)围油栏性能指标

固体浮子式围油栏和充气式围油栏由于浮重比较高(浮重比一般在5∶1~20∶1之间),具有较好的随波性,因而也是各种围油栏中应用最为广泛的。但二者相比,也各有优缺点,主要体现在:

(1)充气式围油栏每节长度一般为100~200m,吃水深度最大可达1.4m,而固体浮子式围油栏则每节长度一般为20m,吃水深度最大为0.9m;

(2)充气式围油栏布放速度慢,但放气后储存体积小、表面平整,容易清洁;

(3)在风力较大,浪高大于1m的开阔水域通常选用大型充气式围油栏,固体浮子式围油栏和小型充气式围油栏适用于近海、港口等流速较小的遮蔽水域;

(4)固体浮子式围油栏对刺扎不敏感,但回收时复杂,工作强度大,且占用的空间较大。

按照充气方式,充气式围油栏可进一步分为压力充气式和自充气式;按照气室结构,充气式围油栏又可分为单气室围油栏和多气室(一个气室长度约2~4m)围油栏。目前,国内生产的充气式围油栏一般都是多气室的。从实际情况来看,多气室围油栏漂浮能力更好一些,在其中一个气室破损的情况下,整体围油栏不会因此而下沉,因而应用更广泛。

国外生产围油栏技术较为先进的国家主要有美国、日本、英国、丹麦、瑞典等;国内生产围油栏的主要厂家有青岛华海环保工业有限公司、青岛光明环保技术有限公司、中交海神充气制品科技有限公司、广州市泰洋环保设备制造有限公司、青岛广能橡塑化工有限公司等。

就围油栏的结构、材料而言，一些先进国家和我国制造的围油栏大体相似，固体浮子也多是聚苯乙烯泡沫，这样既可以增加围油栏的柔性，又可以缩小其包装体，便于存贮和运输。围油栏包布是以尼龙或其他合成纤维织物为布基，外涂聚氯乙烯（PVC）；充气式围油栏也有采用腈橡胶或氯丁胶作为涂层的，以保证气体浮子的气密性。其中瑞典使用的PVC和腈橡胶混合涂层色布性能较为优越，不但轻薄（0.44mm）、柔软、强度高，气密性好，而且可耐-30℃低温。

日本中村船具株式会社生产的奈司克围油栏为固体浮子式围油栏，采用耐油的固体聚苯乙硅圆柱体作为浮体，该浮体被包在耐油的帆布里面，其耐油帆布下垂作为裙体，裙体下缘装有铅配重体；拖引绳索采用伸长性小的聚丙烯绳；围油栏20m一节，连接部件使用迭合拉链。

美国SLICKBAR系列产品采用高强度的36盎司氨基甲酸乙酯覆膜纤维材料，可以在-40～+60℃温度范围之间工作，内部的充气囊选用双气室结构专利技术，适用于各种港口、海湾或深海区，抗风浪性好，能够承受高速水流的冲击，并且抗磨损及抗腐蚀能力强，具有操作简便、耐用、使用寿命长等优点。其中远海型围油栏拦阻漂浮溢油时的适应浪高5.48m，拖带扫油时的适应浪高2.5m。

英国研制的Hi-Sprint围油栏的浮室由50m长的尼龙—氯丁胶管组成。该围油栏共有5种规格，干舷与吃水的合计高度分别为750mm、950mm、1500mm、1800mm、2000mm，可供使用者选择，以满足特定的风浪流条件。在从船舶或码头上设置的卷筒上施放围油栏时，由空压机连续地提供低压大流量空气，通过在浮室部分连续分布的75mm直径进气管，以及在进气管上间隔3m布置的进气阀，将空气充入每个浮室。由于使用低压大气流空气，所以不需要很高的费用和复杂的气阀。一旦围油栏充完气，气源即可断开或移去，围油栏不需要维持连续的空气补给。

目前，国产远海用重型围油栏所适应的浪高最大只有3.5m左右，与国外适应浪高5.48m相比，差距很大；另外围油栏卷绕及布放设备与国外的差距也很大，远远达不到恶劣海况使用的要求。

3）影响围油栏性能的主要因素

为了提升我国围油栏综合性能，不能仅仅简单地靠增大围油栏浮体、裙体、张力带等部件的尺寸，而是需要综合考虑各部件的材料、连接方式和重心位置。这就需要在环境条件可调、污染物可控的开阔水面上，按照标准的试验要求，对围油栏进行综合性能的检测，以此为依据，进行围油栏各部件的改进和优化。

3.2.2　国内外围油栏性能标准的差异性分析

围油栏是溢油应急响应中重要的设备，也是国内外相关企业和科研机构研发的重点产品。国际上主要发达国家和相关国际组织，都针对围油栏的生产和使用制定了系列标准，最有代表的是ASTM标准。与ASTM的相关标准相比，我国围油栏标准体系还需要进一步完善。

目前,我国不同行业都发布了围油栏的标准。主要如下:

(1)中国船舶工业综合技术经济研究院起草的系列标准《船舶与海上技术 海上环境保护 不同围油栏接头之间的连接适配器》(GB/T 29132—2018)(Ships and marine technology—Marine environmental protection—Adaptor for joining dissimilar boom connectors)。

该标准规定了使用标准适配器与具有不同类型接头的围油栏连接的通用方法。

该标准没有涉及与使用相关的所有安全注意事项(若有)。该标准的使用者使用前有责任制定适当的安全健康操作规程,并明确相关规定的适用范围。

《船舶与海上技术 海上环境保护 围油栏 第1部分:设计要求》(GB/T 36148.1—2018)。

该标准规定了围油栏的基本设计要求、一般功能、标记和标志,并规定了制造商至少需提供的关于围油栏设计、尺寸和材料方面的信息。

《船舶与海上技术 海上环境保护 围油栏 第2部分:强度和性能要求》(GB/T 36148.1—2018)。

该标准作为第1部分的补充,规定了围油栏详细的强度和性能要求以及相应的试验方法。该部分没有涉及与使用相关的安全注意事项(若有)。该部分的使用者使用前有责任制定适当的安全操作规程,并明确相关规程的适用范围。

(2)中国海事局制定的系列围油栏标准。

《围油栏》(JT/T 465—2001)(Oil boom):该标准规定了围油栏的分类与命名、基本结构、技术性能和基本质量要求、连接要求、附件和辅助设备要求、检验规则、包装、标志和技术说明。该标准适用于固体浮子式围油栏、栅栏式围油栏、外张力式围油栏、充气式围油栏、岸滩围油栏和防火围油栏,不适用于其他种类或特殊形式的围油栏。2018年8月29日,交通运输部第68号公告公布废止《围油栏》等8项行业标准。

(3)中国环境保护产业协会制定的围油栏标准。

《固体浮子式PVC围油栏认定技术条件》(HCRJ 062—1999)(Solid floatation PVC boom),该技术条件规定了固体浮子式PVC围油栏的命名、要求、试验方法、检验规则、标志包装、运输和储存,适用于在海洋、江河、湖泊等水域围控溢油,防治溢油污染用的固体浮子式PVC围油栏。其中,适合围油栏使用的最大波高<1.2m,最大风速<15m/s,最大潮流流速<1.5Knot,最小抗拉力23kN。试验方法分为水上、水下高度试验、拉力试验、海水浸泡试验、油浸泡试验。

《充气式橡胶围油栏》(HCRJ 063—1999)(Inflatable rubber boom),该技术条件规定了充气式橡胶围油栏的命名、要求、试验方法、检验规则、标志、包装运输和储存,适用于以橡胶布为本体材料的充气式围油栏。其中,适合围油栏使用的最大波高<3m,最大风速<20m/s,最大潮流流速<1.5Knot,最小抗拉力70kN。试验方法分为水上、水下高度试验、水流波浪试验、拉力试验、气室泄漏试验和气密性试验、油浸泡试验、海水浸泡试验。

《固体浮子式橡胶围油栏认定技术条件》(HCRJ 064—1999)(Solid floatation rubber boom),该技术条件规定了固体浮子式橡胶围油栏的命名、要求、试验方法、检验规则、标志、包装、运输和储存,适用于在海洋、江河、湖泊等水域围控溢油、防治溢油污染所用的固体浮子式橡胶围油栏。其中,适合的最大波高、最大风速、最大潮流流速条件、试验方法与固体浮子式PVC围油栏相同,最小抗拉力30kN。

上述围油栏标准中,于2018年被废止的《围油栏》(JT/T 465—2001)是专门针对围油栏使用的标准,而ASTM则是针对围油栏的术语、使用水体、选择、包布涂层、连接、抗拉强度、浮重比、受控条件下的围控效果等分别制定了详细的技术要求(表3.2-1),标准数量达到13个。

围油栏在使用过程中最为关键的技术参数是:其在不同海况条件下、针对不同油品的围控能力。目前我国亟须制定这方面的标准。

我国与ASTM针对围油栏的标准　　表3.2-1

国内标准	国外标准
GB/T 29132—2018 船舶与海上技术　海上环境保护　不同围油栏接头之间的连接适配器(现行) GB/T 36148.1—2018 船舶与海上技术　海上环境保护　围油栏　第1部分:设计要求(现行) GB/T 36148.2—2018 船舶与海上技术　海上环境保护　围油栏　第2部分:强度和性能要求(现行) HCRJ 062—1999 固体浮子式PVC围油栏认定技术条件(现行) HCRJ 064—1999 固体浮子式橡胶围油栏认定技术条件(现行) HCRJ 063—1999 充气式橡胶围油栏认定技术条件(现行) JT/T 465—2001 围油栏(废止)	ASTM F818-16(2020)溢油应急围油栏的相关述语 ASTM F625(2019)溢油控制系统水体分类实用方法 ASTM F1523-94(2018)根据水体分类选择围油栏指南 ASTM F715-07(2018)用于溢油围控及存储的涂层布测试方法 ASTM F2438-04(2017)溢油应急围油栏连接标准规范:滑接连接器 ASTM F1093-99(2018)围油栏抗拉强度的测试方法 ASTM F1788—19 水上现场燃烧溢油指南:环境及操作要点 ASTM F2084M-01(2018)可受控环境中围油栏性能数据的搜集指南 ASTM F2682-07(2018)围油栏浮重比确定的标准指南 ASTM F2152-07(2018)现场燃烧处理溢油:防火围油栏 ASTM F962-04(2018)溢油应急围油栏连接标准规范:Z型连接器 ASTM F1990—19 现场燃烧处理溢油指南:点火装置

法国Cedre《围油栏操作指南》中对围油栏涂层材料的使用范围提出了要求,见表3.2-2。

典型围油栏涂层材料性能对比　　表3.2-2

材　　料	水密性	耐油	耐化学品	抗紫外线	耐磨损	耐热
PVC($1000g/m^2$)	B	B	B	C	C	C
PVC($3000g/m^2$)	A	A	A	A	A	A
聚氨酯	B	A	B	B	A	A
硫化氯丁橡胶	A	B	A	A	A	C
海帕伦	B	A	A	A	A	A

注释:A表示很好;B表示好;C表示不好。

3.3 溢油分散及清洗剂

3.3.1 溢油分散剂类型分析

溢油分散剂亦称化学分散剂、消油剂。自20世纪60年代中期海尔曼(Helman)、克拉恩(Klein)和克诺普(Knipp)3位科学家进行了用乳化分散剂消除海上浮油的实验至今,采用溢油分散剂处理海面溢油已有30多年的历史。溢油分散剂的大量使用始自1967年Torrey Canyon号油轮溢油事故,当时用于消除海面溢油的溢油分散剂达10000t之多。时至今日,溢油分散剂已走过了3个阶段的发展历程。

第一代溢油分散剂:采用毒性很大的阴离子表面活性剂,其中酚类表面活性剂与溢油的混合物不能被生物降解。溶剂的主要成分为轻质芳烃,毒性也很大,10mg/L浓度就可以毒死海洋生物。Torrey Canyon号油轮溢油事故中使用的就是第一代溢油分散剂,受影响海域的海洋生物和底栖生物几乎全部被毒死,生态环境的恢复期至少需要几十年之久,让世界为之震惊。

第二代溢油分散剂:Torrey Canyon溢油事故之后,许多科学家开始致力于低毒高效溢油分散剂的研制,第二代溢油分散剂在此背景下应运而生。该种溢油分散剂采用的表面活性剂为非离子型,由“醚型”发展至毒性小、乳化性良好的“酯型”,其溶剂禁用了轻质芳烃馏分,多环芳烃含量被限制在3%以下,其毒性是第一代产品的3.3%。

第三代溢油分散剂:为浓缩型,其原料山梨糖醇、脂肪酸等均来自农副产品,溶剂也不使用石油产品,而采用合成的聚乙二醇,其毒性非常小,仅为第一代产品的1%。此外,浓缩型溢油分散剂可以分散比其本身重80倍的油,是普通型溢油分散剂分散效率的十倍。

3.3.2 溢油分散剂喷洒装备类型分析

溢油分散剂喷洒装备是将分散剂快速安全喷洒到溢油油膜上的关键装备,其按照所安装的载体不同,可分为轻便型分散剂喷洒装置、船用分散剂喷洒臂和飞机用分散剂喷洒装置。

轻便型溢油分散剂喷洒装备可以由个人单独操作,灵活性强,其主要尺寸:840mm × 940mm × 800mm,最大喷射量40L/min,最大水平射程10m。

船用溢油分散剂喷洒臂,适于装在船上对大面积水域喷洒溢油分散剂,臂长3 ~ 10m,最大喷射量40 ~ 400L/min。

飞机用溢油分散剂喷洒装置,适用于小型飞机或直升机对广阔水域喷洒溢油分散剂,可根据飞机形式和大小设计喷洒臂的长度、喷洒泵的排量和存储罐的容积。

3.3.3 溢油分散剂及其喷洒装备性能分析

溢油分散剂作为水面油膜的分散技术产品,一直以来都得到了广泛的应用。国内外有多种分散剂产品,但由于其分散溢油进入水体后使水中油含量显著增加,导致多种海洋生物受到明显的毒性伤害,并会导致海洋生态系统恶化,所以其使用受到多方限制。近年来,随着对环境的保护日益重视,分散剂的使用也受到越来越多的质疑,如大连"7.16"事故的分散剂使用就受到了一些媒体、专家关于对近海水体环境影响的怀疑。因此规范分散剂使用,利用新技术开发高效、低毒、易于生物降解的环保型分散剂产品势在必行。

现今溢油分散剂喷洒装备只能依靠个人目视油膜厚度来决定喷洒的剂量,技术上无法真正达到"需多少给多少"的要求,如果喷洒剂量不够,则会降低溢油处置效果,而喷洒剂量超出实际需要地使用剂量,则既产生了浪费,又对环境生态造成更多不利影响。因此,还应解决依据溢油油膜厚度控制分撒剂喷洒剂量的关键技术。

3.3.4　溢油分散剂分散效果试验研究现状

(1)Ohmsett2000年的研究项目——溢油分散剂实用性研究

该研究项目是要将溢油分散剂与其实际应用有关的海况、油种类及成分、油膜厚度、溢油分散剂品种和使用量等参数建立函数关系,通过试验,确定某种溢油分散剂使用说明书中的相关参数指标。此外还进行表面张力试验,以确定使用溢油分散剂的临界浓度(该浓度会影响应急处置中的围油栏和撇油器的工作)。

(2)国内分散剂乳化率试验、鱼类急性毒性试验、可生物降解性试验

张秀芝等人开展了溢油分散剂性能指标、乳化率试验、鱼类急性毒性试验、可生物降解性试验等研究,并制定了相关试验标准方法。

(3)用水槽模拟海况条件检验溢油分散剂的乳化率试验

关于用水槽模拟海况条件检验溢油分散剂的乳化率试验,国外已经做了大量的工作。张秀芝等人采用波浪槽开展了溢油风化特性及化学分散效果的影响因素研究,国家海洋环境监测中心采用波浪槽模拟海上波浪的运动状况,研究了波浪对溢油分散剂清除海面溢油的作用和检验海环牌1号溢油分散剂海上使用的乳化率性能,波浪槽尺度为0.8m×1.0m×15m,实际工作水深为0.5m,波高大约为0.38m。造波机由计算机控制,按一定频率形成波浪并且有破碎波的产生,破碎波的周期为10s。实验中,根据需要在波浪槽水面布放一定厚度的油膜,模拟海况,考察溢油分散剂的乳化效果。实验结果表明,溢油分散剂的乳化率与波浪的数目成正比关系,随着波数的增加,乳化率升高。

1976年至1978年,交通运输部水运科学研究所、大连油脂化学厂、北京市环保所等单位开展了溢油分散剂研究。研发的分散剂能将水面溢油乳化成微小颗粒,其水中溶解氧化,或被细菌等微生物降解,从而达到净化水体的目的。该成果于1987年申请了专利(87106703),系一种对多种油品具有良好乳化性能、使用安全、对水生物毒性低、易生物降解的分散水面浮油的组合物。该成果特征在于采用聚氧乙烯脂肪酸酯,聚氧乙烯多元醇脂肪酸酯和多元醇脂肪酸酯的混合物作为表面活性剂,液态正构烷烃和低烷基聚氧乙烯醚的混合物作为溶剂,表面活性剂和溶剂分别占整个组合物重量的25%~80%和75%~20%。该发明除可以处理海面或淡水水面浮油外,还可用于消除海滨、岩石、岸边建筑、码头、船体等处的油污。

国家标准《溢油分散剂　技术条件》和《溢油分散剂　使用准则》以"溢油分散剂使用准则"

被国家质量技术监督局列入1977年交通标准化计划,并由交通部水运科学研究所、中国海事局、原交通部标准计量研究所共同编写,自2001年10月1日起正式实施,标准编号为GB 18188.1—2000和GB 18188.2—2000。其中GB 18188.1—2000已修订为《溢油分散剂 第1部分:技术条件》(GB/T 18188.1—2021),包括溢油分散剂性能指标、乳化率试验方法、鱼类急性毒性试验方法、可生物降解性试验方法等。

(4)乳化率试验

溢油分散剂的作用是将油乳化成微细的颗粒并分散于水中。由于油在水中的上浮特性,下层浮化液中的油分含量将随着静置时间增加而减少。在特定的试验条件下,乳化液中的油量与加入的油量之比称为乳化率。乳化率试验规定,按一定比例向浮于50mL人工海水表面的1.000g试验油上滴加分散剂,振荡乳化后分别静置30s和10min,取20mL下层乳化液,测定其中油分浓度,计算30s的乳化率(表示溢油分散剂的乳化能力)和10min的乳化率(表示溢油分散剂的乳化稳定性)。

(5)鱼类急性毒性试验

溢油分散剂对水生物的毒性通常采用鱼类急性毒性的试验结果评价。把试验鱼置于不同浓度的溢油分散剂中进行24h或96h试验,求得试验鱼半数死亡的试验液浓度,即为24h或96h半致死浓度;或在一定浓度的溢油分散剂溶液里测定试验鱼半数死亡的时间(常规型分散剂试验液浓度为3000mg/L,浓缩型分散剂试验液浓度为600mg/L),称为该浓度下的半致死时间。

(6)可生物降解性试验

生物降解系指在有氧条件下,有机物被有机体(微生物)通过中间代谢、最后完全转化成无机物的过程。生物降解的全过程进行得很缓慢,故通常采用特定的条件和方式评价有机物的可生物降解性。该标准采用五日生化需氧量(BOD_5)与化学需氧量(COD)相关性比较的方法评估溢油分散剂的可生物降解性。具体步骤为:配制一定浓度的溢油分散剂水溶液(常规型分散剂为300mg/L,浓缩型分散剂为200mg/L),分别测定其BOD_5和COD,计算溢油分散剂可生物降解性的评定指数。

国内有关溢油分散剂及其与原油混合后对生态环境的直接危害与潜在影响的研究尚不够充分,如相关的行业标准和国家标准规定用于评价生物毒性的物种单一(为虾虎鱼或者斑马鱼成鱼),野生捕捞的虾虎鱼来源很不稳定,品种混杂,质量不可控,影响试验的准确性及重复性,淡水生物斑马鱼弥补了以上不足,但也存在忽视淡水与海水理化性质差异、淡水与海水生物生理差别的局限,如水体的盐度、pH等会影响溢油分散剂在水体中的状态,包括溶解度、颗粒大小、黏附能力等,从而影响到实验生物的敏感性。因此,有必要从多种生物及生长阶段、不同方法和指标等方面开展研究,为合理评估和使用溢油分散剂,以及海洋环境质量管理提供客观真实、全面系统的参考依据。

3.4 吸油材料

3.4.1 吸油材料的基本特征

用吸油材料处理水上溢油是最早采用的方法之一。作为吸油材料,其应具有如下特征:

表面具有亲油憎水性；比容较大，而且保油能力强；在集油状态下能浮在水面。

吸油材料的品种很多，依据不同的分类方法，可将吸油材料进行多种分类。如根据原材料不同，可将吸油材料分为无机矿物材料、有机合成材料和天然有机材料。按吸油材料的吸油机理可以分为吸藏型材料、凝胶型材料和吸藏凝胶复合型材料。按吸油材料的产品外观又可分为编织布类、片状类、粒状固体类、粒状水浆类、包裹类、乳液类等。不同种类吸油材料的应用领域及特征详见表3.4-1。

吸油材料的种类、应用领域及特征 表3.4-1

分类	种　类	应用领域	吸油倍数	优　点	缺　点
无机矿物	黏土(颗粒)	柴油、机油等工厂废油的处理	2~7倍	低价安全	不可重复利用、环境不友好、运输花费高、油水选择性差、不可燃弃
	石墨	重原油的处理	80~100倍	可重复利用	成本高、工艺复杂
	珍珠岩	轻原油的处理	3~4倍	环境友好	成本高
天然有机	原棉	油炸食品废油处理	80倍左右	环境友好、成本低	保油性能差
	纤维素(农作物)	原油的处理	20倍左右	环境友好、可重复利用	吸油倍数低、吸水
	回收羊毛	柴油的处理	10倍左右	可重复利用、环境友好、成本低	吸油倍数低
有机合成	聚氨酯泡沫	漏油处理、原油处理	100倍左右	可回收利用、吸油倍数高	体积大、生物不可降解
	PP织物	油炸食品油处理		吸收速率快	保油性能差
	橡胶类	漏油处理	20倍左右	油水选择性好	吸油倍数低、环境不友好

3.4.2 吸油材料的主要类型

(1)无机类吸油材料

无机类吸油材料主要有膨胀石墨、气凝胶、黏土、活性炭、珍珠岩、沸石、膨润土等。然而，哪种吸油材料属活性炭种类确很难准确定义，因为，其既可以是植物类的(椰子壳、水果种子等)，也可以是矿物类的(煤炭、石油焦等)，还可以是高聚物(橡胶、塑料、纤维等)。

黏土，是颗粒非常小的($<2\mu m$)可塑的硅酸铝盐。除了铝外，黏土还包含少量镁、铁、钠、钾和钙，是一种重要的矿物原料。Carmody课题组在2007年发现了一种高效的黏土，用来吸收柴油、汽油等。结果显示，这种高效的黏土有很好的油水选择性、较高的吸油倍数、保油能力。但是结果仍然显示，这种黏土具有不可降解、成本高、不可重复利用等应用劣势。活性炭通常用在糖类精炼、化工、制药等工业中，还被用于废水处理。还有一些研究发现，它

还可以被用在家庭水过滤系统中。

气凝胶是经过溶胶凝胶过程和超临界干燥过程得到的一种低密度、高空隙率的轻质多孔非晶固体材料。2013 年报道了世界最轻的材料就是石墨的气凝胶。高超研究团队发现了世界上最轻的气凝胶,他们将氧化石墨和碳纳米管负载经过 90℃ 肼蒸汽还原 24h 后 160℃ 真空干燥 24h,得到的气凝胶具有很好的油水选择性,吸油倍数达到 40 倍左右,由于力学性能好,所以可以多次循环利用。胡汉研究团队将氧化石墨用乙二胺进行还原冷冻干燥后用微波照射 1min,同样也制备了石墨的气凝胶。但是石墨气凝胶的制备方法比较复杂,不能实现大型的工业化生产。

沸石是一种天然且廉价的非金属矿物,也是含水架状结构的铝硅酸盐矿物。沸石内部含有大量的空穴和孔道,因此其具有比较大的比表面积;沸石所具备的特殊分子结构所形成的较大静电引力,使其具有比较大的比表面积;沸石所具备的特殊分子结构所形成的较大静电引力,使其具有相当大的应力场,这些因素有利于沸石在海上油污处理过程中的应用。赵瑞华研究团队利用 10% 的盐酸溶液处理沸石,再用 42% 的 $Al(OH)_3$ 胶体乳液对其进行浸渍改性,干燥后在 500℃ 条件下焙烧 4 小时后制得了改性的沸石。用改性后的沸石去处理石油污水,去除 COD 的效率可以达到 87.5% 以上。但是沸石的疏水性能比较差,所以油水选择性能不好,吸水后,水会破坏沸石的微观结构,因此使其重复使用性能比较差。

膨润土(Bentonite)是以蒙脱石为主的含水黏土矿,蒙脱石的化学成分为:$(Al_2,Mg_3)[Si_4O_{10}][OH]_2 \cdot nH_2O$,由于它具有特殊的性质,如膨润性、黏结性、吸附性、催化性、触变性、悬浮性以及阳离子交换性,所以广泛用于各个工业领域。膨润土是以蒙脱石为主要矿物成分的非金属矿产,蒙脱石结构是由两个硅氧四面体夹一层铝氧八面体组成的 2∶1 型晶体结构,由于蒙脱石晶胞形成的层状结构存在某些阳离子,如 Cu、Mg、Na、K 等,且这些阳离子与蒙脱石晶胞的作用很不牢固,易被其他阳离子交换,故具有较好的离子交换性。雷艳萍研究团队用溴化十六烷基三甲基铵将膨润土进行改性,改性后的膨润土对废水中苯并芘有很好的吸附效果,实验结果显示,当吸附时间为 1h 时,可达到吸附平衡,当使用量为 10g 时,废水中的苯并芘去除效率为 98%。

总体来说,无机矿物吸油材料具有很多优点:成本一般较低、制备工艺相对比较简单、比表面积较大、吸油倍数较高。然而现在无机矿物类的吸油材料仍然存在很多的问题,例如:浮力差、大多数无机矿物类的吸油材料都是粉末或者颗粒,因而导致原位处理比较困难、运输成本较高、油水选择性较差、吸放油可逆性较差、吸水后导致材料的内部发生变化、重复利用性比较差,所以想要使无机矿物吸油材料具有良好的应用,通常都需要改性。

(2)有机合成吸油材料

目前,在处理紧急溢油事故时主要使用的,就是有机合成吸油材料,使用较为频繁的有聚氨酯、PP、橡胶类材料及烷基乙烯聚合物等等,这些材料主要利用自身的亲油性和疏水性以及聚合物分子间的空隙来包藏吸油。许多科研工作者对有机合成类的吸油材料有很广泛的研究。这里主要介绍几种常用的有机合成吸油材料的研究进展。

聚丙烯简称 PP,聚丙烯纤维具有密度小、吸水量小以及优良的耐化学和物理腐蚀的性能,是目前使用最多的有机合成吸油材料,也是商业应用最广的吸油材料。Wei 等人以非织造的 PP 作为吸油材料,研究了聚丙烯纤维的孔径、直径,以及所吸收油品的特性对吸油倍数的影响。结果显示，熔喷非织造的PP纤维布对原油的吸收倍率比较大，对黏度较高、密度比较大油品的吸收倍率达到15g/g以上。聚丙烯纤维的吸油倍数是制约其应用的主要因素，一般来讲，聚丙烯纤维的吸油倍数只有十几倍，并且它的生物降解性不好，这也成为聚丙烯纤维作为吸油材料亟须解决的问题。

聚苯乙烯简称PS，常被应用于电子产品和易碎产品的包装，因为它具有密度小、强度高、耐久性好而备受关注。采用静电纺丝的方法制备出的PVC/PS纤维对机油、花生油、柴油、汽油的吸收倍率分别是：146g/g、119g/g、38g/g、81g/g，是商业PP的5～9倍。实验结果还显示，该种吸油材料具有很高的油水选择性（约为1000倍），同时具有很大的浮力。Lin等人同样用静电纺丝的方法，将PS和聚氨酯复合，制备出高性能的吸油材料，其结构符合吸油材料的要求，具有很好的油水选择性，同时吸油倍数为商业PP的2～3倍，有利于应用在处理溢油事故中海水表面的浮油。

橡胶作为全球使用量很大的材料，其废弃物的处理方式多为燃烧或者填埋，这样会对环境造成二次污染。由于橡胶具备很好的性能，例如：柔韧性、亲油性、疏水性等，现在许多国内外学者将废弃橡胶用于海洋溢油的处理和回收。Hu等人通过冷冻-解冻的方法将石墨烯负载到丁基橡胶上，制备出的吸油材料可用于油类和有机溶剂的回收。石墨烯用来提高吸油材料的吸收性能，得到产物的结构类似于海绵的大孔结构，具有非常好的浮力和疏水性，表现出很好的吸油特性，对原油、柴油、润滑油的吸油倍数分别为：17.8g/g、21.6g/g、23.4g/g。制备的吸油材料同时可以吸收有机溶剂，吸收倍率为20～30g/g，可以重复利用30次以上。

综上所述，有机合成类的吸油材料主要缺点为生物不可降解。填埋处理对环境造成压力，焚烧处理时不仅成本比较高，而且焚烧会产生许多废气，对大气以至于环境造成二次污染。但是它的优点不容忽视。有机合成吸油材料吸油倍数高、油水选择性好、浮力大、吸油速率高，方便溢油的回收等等的优势，让它得以广泛应用于海上溢油的处理中。最近，许多学者致力于研究新型的生物可降解的有机合成吸油材料的制备及对其性能的评价。

（3）天然有机吸油材料

近年来，随着越来越多的人对环境的重视，可生物降解的天然有机吸油材料备受国内外科学工作者的关注。研究比较多的天然有机吸油材料有：回收的羊毛、稻秆茎、原棉、玉米芯、红麻、普通棉花与树皮等等。

农作物废弃物作为吸附材料的种类非常丰富，比如稻草的秸秆、稻壳、小麦的秸秆等。这些农作物废料中存在很多的天然纤维素和半纤维，对污染物有一定的吸附效果。Li Dan研究团队从玉米的麦秆中用亚铝酸钠和酸化的氢氧化物萃取了乙酰化的纤维素，将其作为吸油材料进行溢油的处理。它的乙酰化程度用反应时间和反应温度进行控制。研究发现，当反应温度为120℃、反应时间为7h时，得到的纤维素吸油倍数最大。它对原油、柴油和泵油的最大吸收倍率分别为：67.54g/g、52.65g/g和45.53g/g。此外还发现，此种吸油材料的油水选择性很好，对水完全不润湿。

原棉作为一种质轻蓬松而且无弹性的天然纤维，在其纤维表面有一层蜡状的物质，正是这种蜡状的物质，让原棉具有很好的油水选择性。因此，原棉作为吸油材料有很大的潜力。Vinitkumar Singh团队研究了原棉对原油的吸收倍率以及纤维细度对吸油倍数的影响，结果显示,在低纤维细度的情况下,原棉对原油的吸收倍率为30.5g/g。由于原油的黏度和比重都非常高,所以普通的吸油材料对其的吸收效果并不好,而原棉的多孔结构让其成为可以很好吸收原油的一种吸油材料,而且原棉在吸收完油之后可以生物降解,对环境友好,成为又一个优点。

3.5 生物修复

溢油污染生物修复技术主要包含生物强化和生物刺激技术。

3.5.1 生物强化技术

生态环境中存在有大量可降解石油污染的微生物,但这些微生物的浓度一般都比较低。在石油污染环境中驯化降解烃类的微生物,其比例可由1%上升到10%。土著微生物降解污染物的潜力巨大,但由于环境介质中氮磷营养盐的缺乏,其生长速度慢,代谢活性低,加之石油组分比较复杂,土著微生物不可能完全降解每一种石油组分,因而土著微生物的驯化时间较长。为了提高石油生物降解的效率,缩短降解时间,需要添加外源高效的污染物降解菌,这一技术即被称为生物强化法。

向水体或土壤环境中加入的高效石油降解菌可以从土著降解菌分离富集,再加入到原位环境之中,也可以添加外源筛选的高效石油降解微生物菌,甚至可以利用基因工程添加"超级菌",可大大提高了生物降解的效率。美国科学家从墨西哥海湾海底的沉积物分离出高效的石油降解菌,并将其再次投入受污染海域的溢油污染海面,在数小时内,这种高效石油降解菌就将石油乳化降解,并没有影响该水域的特征。挪威"梅加博格"号油轮在墨西哥湾起火后,泄漏在海面上的原油近400t,为防止原油污染得克萨斯州海岸,环保部门使用这种细菌,结果一夜之间该区域的溢油被完全清除。

3.5.2 生物刺激技术

生物刺激技术包括投加营养盐的生物刺激技术和加入表面活性剂的生物刺激技术。

(1)投加营养盐的生物刺激技术

该技术是指溢油污染发生以后,原位添加营养盐,补充N、P等迅速流失的无机养分,使降解微生物迅速增长,以增强石油组分的生物降解效率,此方法已广泛应用于土壤和海滩的溢油污染清除。

被用于石油生物降解的营养盐类型包括:水溶型、缓释型和油溶型。每一种形式的营养盐都有其各自的优点和缺陷,其特点和应用实例情况的总结见表3.5-1。

常用的石油生物降解营养盐特点 表3.5-1

营养盐类型	优 点	缺 点	应用类型
水溶型营养盐	起效快、容易控制浓度;不含有机N,不会与油形成竞争	易溶、易被海浪冲走;投加频繁、容易引起赤潮	KNO_3、$NaNO_3$、NH_4NO_3、K_2HPO_4、$MgNH_4PO_4$
缓释型营养盐	不易被冲刷,可提供连续营养源	释放速率不好控制,释放太快容易被海浪冲走,释放太慢则不能满足快速生物降解的需要	胶囊状肥料 Customblen $Ca_3(PO_4)_2$作为P源, $(NH_4)_3PO_4$作为N源和P源, NH_4NO_3作为N源

续上表

营养盐类型	优　点	缺　点	应用类型
油溶型营养盐	黏附于油上，不易被冲刷，在油水的界面提供营养	价格昂贵；含有的有机碳可能比石油先被降解；受环境影响较大	亲油肥料InipolEAP22 $[C_{12}H_{25}(OC_2H_4)_3O]_3PO$ 作为P源，NH_2-CO-NH_2 作为N源，HO-C_2H_4-O-C_4H_9 作为表面活性剂

(2)加入表面活性剂的生物刺激技术

指将表而活性剂技术应用于微生物治理的石油污染修复工程技术。表面活性剂是一种能降低液-液、固-液、气-液界面张力的物质，其具有增溶、乳化和润湿等作用，能溶解那些难溶的石油烃类化合物及其他有机化合物，从而提高有机污染物的溶解效率。表面活性分子都是两亲基分子，即由亲水基和亲油基两部分构成。亲水基使得表面活性分子带有溶于水的倾向，亲油基则使得表面活性剂分子有溶于油相(汽油、煤油、动植物油、各种脂肪经、芳烃化合物及一些不与水相溶的液态有机物等)的倾向。亲油基一般都是饱和或不饱和的长链经基，其中也可含有苯环等芳香烃结构。亲水基种类繁多，如 $-COO^-$、$-NH_2$、$-SO^{3-}$、$-OSO^{3-}$、$-OPO_3{}^{2-}$、$-N(CH_2CH_2OH)_2$、$-N(CH_3)_2$等。表面活性剂在工业上被广泛用作黏合剂、絮凝剂、润湿剂、起泡剂、乳化剂和破乳剂、渗透剂等。

几种化学表面活性剂与生物表面活性剂的来源和主要理化性质包括表面张力、界面张力和临界胶束浓度(CMC)的比较见表3.5-2。其中前三种为化学表面活性剂，后四种为生物表面活性剂。

几种化学与生物表面活性剂的来源和主要理化性质　　表3.5-2

表面活性剂种类	制备方法	表面活性剂理化性质		
		表面张力(mN/m)	界面张力(mN/m)	CMC(mg/L)
十二烷基磺酸钠	石化原料合成	37	0.02	21
吐温20	石化原料合成	30	4.8	600
溴化十六烷基三甲胺	石化原料合成	30	5.0	1300
鼠李糖脂	Pseudomonas aeruginosa 菌株发酵	25~30	0.05~4.0	5~200
槐糖脂	Candida bombicola 菌株发酵	30~37	1.0~2.0	17~82
海藻糖脂	Rhodococcus erythropolis 菌株发酵	30~38	3.5~17	4~20
脂肽	Bacillus subtilis 菌株发酵	27~32	0.1~0.3	12~20

3.5.3　国内外相关研究进展及问题分析

对于受污染环境中的石油烃类，单纯依靠土著菌群降解处理的效率不高。利用从受到石油污染的沉积物中筛选出的高效石油烃降解菌，并对其降解条件进行优化，可以实现对石油污染土壤进行生物修复,石油降解菌的筛选、分离和驯化是其中的关键技术。

在长期受到石油烃类污染的场所中,由于自然筛选的作用,往往存在着大量不同种类的石油烃降解菌。由此可见,使用特定的经过筛选的培养基,可以得到石油烃的优势降解菌。据统计,已发现能降解石油的微生物有200种以上,主要包括:

细菌:包括假单胞菌属,黄杆菌属,棒状杆菌属,无色杆菌属,节杆菌属,小球菌属,弧菌属等属的某些菌株。当然其中最常见的是假单胞菌,它对短链及长链烷烃,芳烃均有降解能力,而且能彻底降解烷烃。

放线菌:一般为诺卡氏菌属和分枝杆菌属。诺卡氏菌(Nocardiasp)比较多一点,烷烃降解不彻底,有中间物累积。

霉菌和酵母菌:常见降解石油的霉菌有曲霉、青霉、枝孢霉等属中的菌株。酵母菌有假丝酵母属(Candida)、红酵母属(Rhodotorula)、球拟酵母属(Torulopsis)和酵母属(Saccharomyles)。其中以假丝酵母应用最为广泛,这是因为其所需的营养要求不高,只需 NH^{4+} 或 NO^{3-} 等无机氮元素存在,不需其他生长素类物质。

藻及蓝细菌:蓝细菌和绿藻可降解芳烃。

通过对近年来国内外学者研究的跟踪,可总结分析出海洋溢油污染的生物修复技术发展方向,即:如何进一步提高降解菌剂在环境中的生长能力及适应性能,使其在实际修复应用中也能高效稳定地发挥作用。为此,可采用控制环境温度,盐度、pH值等方式,使试验室条件更加贴近污染发生地的外部生态环境系统,并在实地修复之前对处理系统进行模拟预测和优化设计。因此,本研究提出了石油污染降解菌降解效率及最优降解条件测定方法。

3.6 支持保障

3.6.1 风险防控监管

溢油风险防控与监管具有积极主动地预防溢油污染事故发生的功效。为此,首先要加强对溢油风险源的辨识和动态信息的监管,配套开展固定和移动溢油风险源的风险评价,根据风险评价结论,配置配备溢油污染防备和应急设施设备,以及应急队伍,实现应急物资和人员信息的动态跟踪。

上述溢油风险防控与监管工作,需要大量日常性的技术与管理工作和高新技术装备的支持与保障,形成标准化、业务化的溢油风险防控与监管体系。

3.6.2 应急组织指挥

国内经过多年来船舶溢油应急计划的研究与实践,业已建立了船舶溢油应急组织指挥机构、颁布实施了相应的应急预案、建立并完善了溢油监视监测体系。国外发达国家的溢油应急组织指挥体系较为成熟,研究重点已转向海洋生态损害赔偿制度和海洋污染处理法律制度上。国内外有关溢油应急组织指挥体系建设的标准研究较为少见。

(1)美国溢油应急组织指挥现状

美国的船舶溢油应急组织指挥体系始建于20世纪70年代。包括:溢油预防、溢油控制和溢油应对策略系统、溢油鉴别系统、信息库系统以及损害赔偿体系。美国实行油污基金制度,联邦政府和各州政府分别建立了10亿美元和1亿美元的油污基金。此外,美国政府还组建了溢油清除协会制度，对所有社会群体开放，通过商业化、市场化的运作保证油污清除机构正常运转和快速溢油应急反应。

20世纪70年代，美国先后通过了《综合环境反应、赔偿和责任法》和《联邦水污染控制法》，这两部法律都对油污应急处置工作提出了要求，美国根据这些要求建立了船舶污染事故防备和响应的应急组织指挥体系，并且在后面的污染事故应急中发挥了重要作用。美国认为公约确定的事故责任赔偿限额太低，所以没有加入《1971年设立国际油污损害赔偿基金国际公约》和《1969年国际油污损害民事责任公约》和公约的任何议定书，在后来的对"Valdez"溢油事故应急响应中，也充分显现了该公约的不足。通过总结经验和教训，专门针对溢油危害的《1990油污法》(OPA90)于1990年8月获得美国国会通过，此法成为美国溢油应急反应机制建设的纲领和基础。

(2)日本溢油应急组织指挥现状

日本溢油应急组织指挥体系主要以《环境基本法》《灾害对策基本法》《海上防污防灾法》《石油综合企业与其他石油设施防灾法》《1990年国际油污防备、反应和合作公约》等法律为基础而建立。

美国和日本两国在船舶溢油应急组织指挥工作的职责确定与划分上都非常明确，并且从国家法律、政策及方针上对政府、石油企业、民间团体和组织给的职责和具体任务予以规定。

(3)国内应急组织指挥现状

在船舶溢油应急组织指挥体系建设工作中，我国政府主要开展了以下工作，包括：建立组织机构、颁布实施应急预案、建立溢油监视监测体系等。

①建立船舶溢油应急组织指挥体系

我国主要按照《防治船舶污染海洋环境管理条例》《中华人民共和国海洋环境保护法》和《OPRC1990公约》的相关要求，编制和发布实施了船舶溢油应急计划。已基本建设完成了从国家到港口码头及船舶各级应急计划(预案)，为我国船舶溢油应急处置工作的提供了制度保障和技术支持。

②应急组织组织指挥机构建设

在全国各沿海港口均已建立船舶溢油应急组织指挥机构，办公室一般设在当地海事部门，在我国发生的历次重大船舶污染事故中，该管理机构充分发挥起应急组织、指挥与决策功能，在全部溢油行动中均起到了关键性作用。

③监视监测体系建设

由于海事机构在全国沿海主要港口均设有派出或分支机构，同时海事管理机构为了提高溢油监视监测的准确性，拓展了监视监测手段，从而形成的监视监测体系基本可以覆盖全国海域。

3.6.3　应急辅助决策

(1)跟踪监测

溢油跟踪浮标是溢油监视监测系统的重要组成部分，它是一种可以随波逐流的水上表层漂流微型浮标，采用浮标实现溢油的跟踪定位，具有全天候使用和全程监测能力，是一种海上溢油实时追踪监测的稳定可靠、成本低廉的技术方法。

溢油报警监测多功能浮标主要是针对港口、海上钻井平台、水产养殖区、公用自来水公司及敏感保护水域等区域，为对其进行保护而采取的一种溢油预警防护技术，从源头监视和减少各种各样溢油事故的发生，可以实现远程、实时、全天候、连续对设定水域进行溢油状况、风向、风速、气温、气压、湿度等参数的监控，在监控中心的电子海图上可以随时查询各监控点的以上信息，并及时进行声光报警，为应急管理部门提供实时可靠的溢油信息，以便及时采取救援措施，降低油污造成的环境危害及经济损失。

根据测试内容的不同，普通的漂流浮标质量一般在 10 ~50kg 之间；进行水文测量的漂流浮标，由于装设传感器较多，重量一般较重，可达到 35 ~50kg；具备溢油及碎片定位功能的浮标，需要比较好的漂流特性，结构相对比较简单，重量也比较轻，一般在 32kg。

加拿大 Met-O 公司在溢油跟踪漂流浮标产品和技术处于领先，该浮标表面直径 28cm，重量 8kg，浮标结构为玻璃钢，可在大气温度 -20 ~ +50℃、水温 -2 ~ +45℃、风力 0 ~ 100kn、浪高 0 ~30ft（1ft =0.3048m）的环境条件下工作，定位装置采用 GPS（全球定位系统）方式，由于通信网络具有较大的时滞，该产品在溢油事件跟踪方面没有实际应用。

交通运输部水运科学研究所根据国家海事业务需要和海洋环境保护迫切要求，在溢油跟踪定位浮标方面开展了较长期的开发和研究。例如，根据海上溢油跟踪探测技术特点，研制出海上微型溢油跟踪定位浮标，其具备基本的卫星定位通讯功能，同时实现系统的故障报警、诊断、纠错。

溢油跟踪浮标技术正朝着微型化、智能化、全天候、全过程的方向发展，在跟踪适应性、溢油探测识别准确性等关键技术方面还有待于更深入的探索和完善。

除溢油跟踪和报警浮标能够提供溢油位置信息之外，利用卫星遥感、航空遥感及航海遥感等信息，亦可以帮助应急指挥人员及时、准确地了解水面溢油在一定时间段的空间分布，辅助做出溢油清除对策的决策，从而显著提升溢油应急决策的准确性、清污行动的有效性和清除效果。

（2）预测预警

溢油事故发生后，准确获得并预测海面溢油的动态信息，并据此组织开展迅速有效的应急反应，对控制污染和清除油污起着关键性的作用。美国、加拿大以及欧洲的一些国家已经研制开发了溢油预测商业软件，如美国的 OILMAP 系统，英国的 OSIS 系统，荷兰的 MS4 系统，比利时的 MU2SLICK 系统和日本的溢油灾害对策系统等。

20 世纪 80 年代以来，我国的专家学者从实验、理论以及数学模拟等方面对溢油在海面上的行为特征和运动变化规律做了大量的研究，相继开发了特定海域的溢油预测系统。交通运输部水运科学研究所在承担完成国家“十一五”科技支撑重点项目课题“水上溢油预测预警技术开发”过程中，建立了溢油风化理论和试验模型系统，开发了油粒子在潮流、环流、湍流、重力沉降作用下的全动力特性算法和海面溢油漂移路径及扩散的快速预报方法，建立的蒙特卡罗三维溢油轨迹模型（CWCM-XPS）实现了中国近海任意海域溢油动态的高精度预测。通过建立溢油敏感资源信息系统和与溢油模型动态耦合，能够预警溢油造成环境危害的类型、程度及范围，提前做好污染的应急防备。

在上述溢油预测预警过程中，及时准确地获取风浪流等环境条件信息、溢油源信息、环境敏感资源信息，是保证溢油模型正常运行和提供准确的预测预警结果的关键所在，需要系统化、标准化、业务化的溢油预测预警系统予以支持保障。

(3)辅助决策

海上突发事件的应急处置需要辅助决策支持系统的支持保障,相关研究已列入国家“十三五”重点研发专项“海洋环境安全保障”2017年度项目申报指南,提出的相关研究内容针对海洋溢油、危化品及放射性物质泄漏等海上突发事件,集成海洋环境监测/预报数据,研制海上突发事件应急处置决策支持系统,开展业务化应用。

上述申报指南提出的相关考核指标为:海上突发事件应急处置决策支持系统具备备选方案自动生成与辅助决策分析、多协作主体任务分发等功能,与国家海上搜救信息系统对接,在业务部门连续运行不少于6个月。为了保证溢油应急与处置辅助决策支持系统的研发及其业务化、标准化运行,配套的基础、管理、技术、服务、产品等标准有待予以研究编制。

3.6.4　应急响应处置

溢油应急响应与处置是人类抗击溢油最直接的第一线行动,需要动用“天、空、海、陆”大量的设施设备和人力物资资源。从应急响应与处置全过程的一般流程(图3.6-1)可以看出,前述的多项溢油清污和支持保障技术、对策、装备、物资都会被应用于其中,达到减轻和消除溢油污染损害的目标。为此,除了前述有关技术、性能、管理、服务、产品的规范性要求之外,还需要制定有关应急响应、处置行动、协作配合等方面的规范及指南。

国家“十一五”科技支撑计划项目课题“水上溢油预测预警技术开发”研究成果中提出了《溢油清污技术指南》草案,规定了溢油清污的基本程序、溢油清污的方法和溢油清污设备的选用原则等,即是其中具有代表性的标准规范研究成果,有待尽早予以纳入标准制修订计划,在现有较为系统深入的研究基础上更新完善,颁布实施。

3.6.5　损害评估赔偿

溢油应急与处置需要大量人力物力财力的支持,远远超出事故船舶的赔付能力。为了保证船舶运输的可持续发展和溢油应急工作的正常运行,IMO制定和实施了《国际油污损害民事责任公约》(CLC1969)、《设立国际油污损害赔偿基金公约》(FUND1971)、《国际油污防备、响应和合作公约》(OPRC1990),有力地促进了技术的提升、防范对策的奏效,油污事件的发生得到了显著控制,污染赔偿保险金和基金也有了明显的积累,IMO持续修订了CLC和FUND的议定书,不断提高赔偿责任限度总额和赔偿金合计总额,可供赔偿的项目内容有了大幅增加,包括了以前不被计入在内的天然环境资源损害及其恢复费用,用于支持预防措施的计算机预测模型和监测装备的成本及运行费用等,充分体现出当代人环境保护意识的提高和对后代的环境责任担当。

2015年6月18日,中国船舶油污损害赔偿基金管理委员会成立,标志着中国船舶油污损害赔偿机制正式开始运作。这是一种油污损害风险分摊机制,旨在保障油污受害人的损失得以充分或者适当的赔偿,对于应对特大、大型船舶污染事故,有着积极作用。该管理委员会成员单位包括财政部/交通运输部、农业部(现农业农村部)、环保部、国家海洋局、国家旅游局(现文化和旅游部)、中石化、中海油、中石油,通过会议行使赔付权利。油污受害人提出索赔后,需要对油污事故及其受损证据等进行调查核实,评估、理赔等,才能决定具体赔付金额,涉及众多技术方面、法律方面的知识。

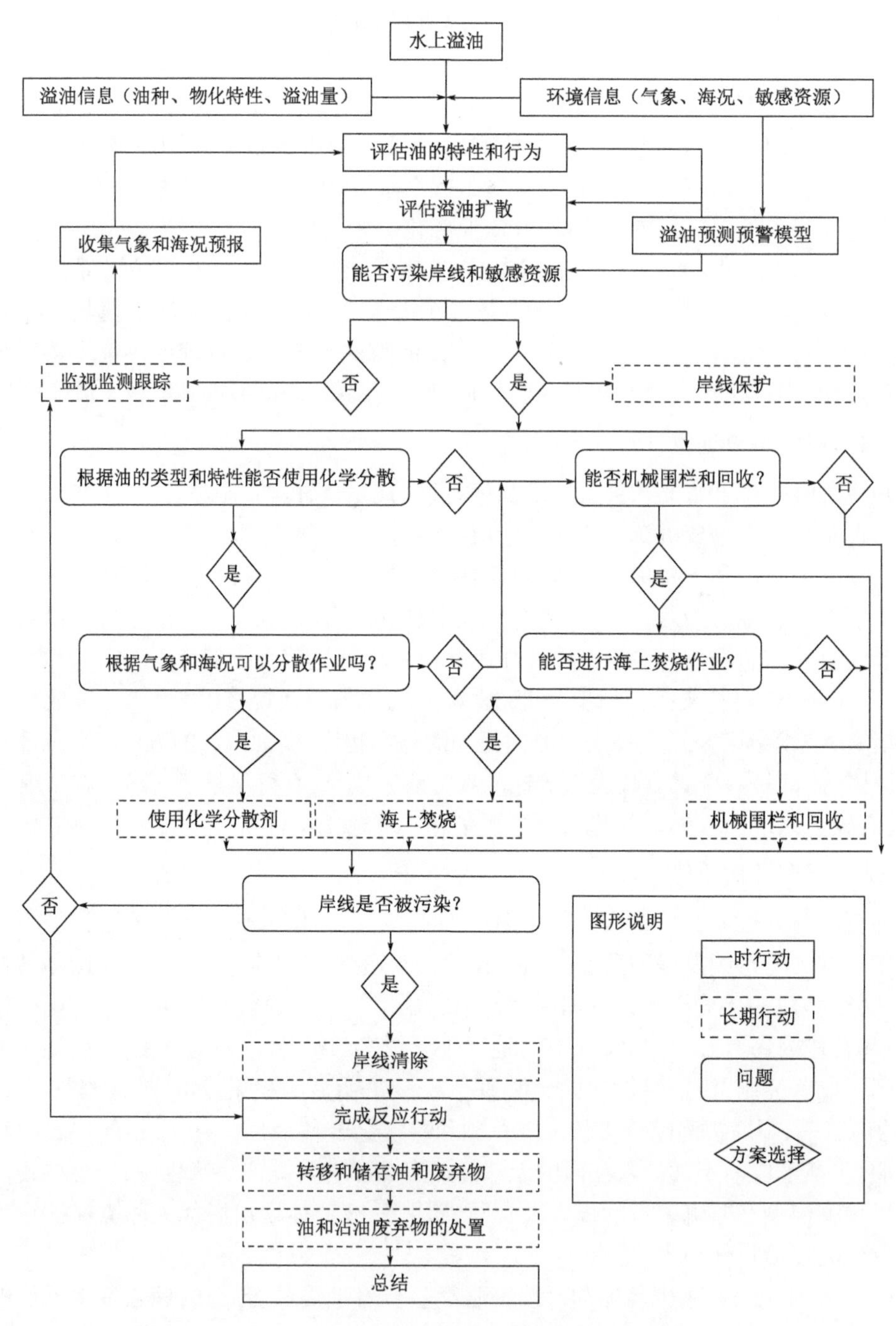

图 3.6-1　溢油应急响应与处置全过程的一般流程

国家“十三五”重点研发计划项目“生态环境损害鉴定评估业务化技术研究”已于 2016 年 7 月 1 日启动实施，研究生态环境损害基线、因果关系判定、损害数额量化等鉴定方法、技术标准及规范，研究构建生态环境损害鉴定评估平台技术。其中的海洋及淡水生态环境损害的基线、因果关系及损害程度的判定技术方法研究，所针对的主要损害源项之一即为溢油，其中的海洋相关课题提出了有关规范污染损害调查取证、生态环境损害基线及因果关系判定、损害评估、溯源、试验业务化的预期研究成果。

3.6.6　日常培训演练

为防治溢油污染，最大限度地减少溢油造成的损失，一些发达国家已经制定了国家、区域、地方或港口溢油应急计划。IMO1991 年通过的《73/78 国际防止船舶造成污染公约》修正案在附则 1 中增加了"船上油污应急计划"的内容；IMO1990 年制定的 OPRC90 已于 1995 年 5 月 13 日生效。

根据我国加入的 OPRC90 相关要求，当事国应制订国家和区域的溢油防备和反应计划。按照《中华人民共和国海洋环境保护法》规定，国家根据防止海洋环境污染的需要，制定国家重大海上污染事故应急计划，国家海事行政主管部门负责制定全国船舶重大海上溢油污染事故应急计划。

中华人民共和国海事局在总结我国船舶监督管理和溢油应急防治经验，并在编制大连、天津、上海、宁波、厦门、广州等港口溢油应急计划的基础上，参照 IMO 溢油应急计划编制指南和一些发达国家的溢油应急计划，结合我国国情，组织制定了全国海上船舶溢油应急计划。

应急计划的制定为实施溢油应急反应指明了方向，但在具体贯彻落实这些计划时，由于溢油应急工作的专业性及危险性均很强，从而对溢油应急人员的溢油应急的理论及实际操作能力均有较高的要求，而这些技能和知识只能通过科学、系统的培训，并在培训中坚持理论结合实际的手段，才能保证培训质量。而国内相关的培训教材和培训设施还比较少，急需通过完善相关标准体系和培训硬件设施，制订相关培训指南。

第4章　溢油应急与处置实验室主要试验标准研究

交通运输部于2011年下达了开展"溢油应急与处置实验室"项目前期工作的函,交通运输部水运科学研究所同期成立了该实验室项目前期工作组,于2013年和2014年分别完成了北京和天津场址的项目工程可行性研究工作。2015年,天津海上溢油应急处置实验室建设项目被列入交通运输部"十三五"实验室建设规划。2018年,该实验室建设建议书得到国家发展和改革委员会的正式批复。

根据项目前期工作组完成的《溢油应急与处置实验室项目可行性研究报告》,该实验室将建设综合试验水池、特种试验水池、溢油风化实验装置、岸滩模拟实验装置等试验设施,具备溢油基本特性、化学处理、生物降解、围控、回收、生态环境修复、监测鉴别技术研究试验、培训演练等试验功能。

4.1　综合试验水池环境条件模拟试验

4.1.1　国内外试验水池概况

国外大型溢油应急实验室多为露天,并已建成若干年,水池规模长度60～200m、宽20～35m、深2～3.4m,能够模拟波浪,并通过拖曳系统实现受试设备在水面以适当速度运动,相关参数参见表4.1-1。

国外溢油应急与处置试验水池概况　　表4.1-1

国　家	长(m)	宽(m)	高(m)	建造年代(年)	水池特点及局限性
美国 Ohmsett	203	20	3.4	1990	水池较长,具备拖曳功能,水深较深,可开展水下应急处置试验,水池较窄,不适合围油栏性能试验,造波设备简易,造波不高,只能模拟一、二级海况环境条件
法国 Cedre	59	35	3	1979	水池较宽,较适合围油栏性能试验,池长较短,不适合拖曳试验,水池较浅,无法开展深水环境波浪及水流条件性能测试
日本	20	10	2	1980	水池规模较小,主要开展人员培训
韩国 KOEM	20	8	2.5	2009	带造波功能,无拖曳功能,水深较浅,无法开展深水环境波浪及水流条件性能测试
挪威 Sintef	10	5	2～3	2005	具备造波功能,但没有拖曳功能,水深较浅,无法开展深水环境波浪及水流条件性能测试,主要开展冰区环境条件下的溢油应急处置相关试验
中国	25	0.6	1.2	1993	具备造波功能,但没有拖曳功能,水深浅,主要开展溢油分散剂处置效果相关试验

国内溢油应急与处置实验水池尽管尚处于初步发展阶段，但在船舶工程、海洋环境和水工工程方面的试验水池建设及其环境条件模拟等方面，近年来也积累了不少经验，相关参数参见表4.1-2。

国内类似试验水池相关参数　　表4.1-2

建设单位	实验室水池名称	试验水池尺度	造波	造流	造风	造浪	航速
中船702研究所	综合试验水池	50m×40m×20m	三维不规则波，波高0.6m	分六层整体造流，0.2m/s	10m/s	0.5m	
上海交通大学	仿真海洋水池	50m×40m×10m	三维不规则波，波高0.6m	分层整体造流，0.2m/s	10m/s	0.6m	
哈尔滨工程大学	风浪联合水池	50m×30m×10m	三维不规则波，波高0.6m	潜水泵局部造流	10m/s	0.5m	
中船708研究所	船模拖曳水池	280m×10m×5m	侧面造波装置			0.5m	9m/s
上海交通大学	闵行校区多功能船模拖曳水池	300m×16m×7.5m	包括深水拖曳水池、船模加工制作、实验辅助用房、办公用房和配套工程机房等组成				
交通运输部天津水运工程科学研究所	大比尺波浪水槽	450m×5m×(8～12)m	L形无反射造波机	1.0m/s			

4.1.2 主要受试装置原型尺度及适用条件

综合试验水池的尺度规模要能够满足对常规溢油应急与处置设备进行原型及大尺度缩比仿真模型（缩比率>1∶20）性能试验的尺度要求，主要溢油应急与处置装备原型尺度及主要适用条件列于表4.1-3，其具体描述如下：

1）围油栏

（1）充气式橡胶围油栏每节长度为100～200m，吃水深度最大可达1.4m，最大使用水流流速为1.5m/s，使用最大波高3m；

（2）快速布防围油栏每节长度为200m，吃水深度最大为0.84m，最大使用水流流速为1.5m/s，使用最大波高1m；

（3）固定浮子式橡胶围油栏每节长度为20m，吃水深度最大为0.9m，最大使用水流流速为1.5m/s，使用最大波高2m；

（4）固定浮子式PVC围油栏每节长度为20m，吃水深度最大为0.76m，最大使用水流流速为1.5m/s，使用最大波高1m；

（5）PVC围油栏每节长度为20m，吃水深度最大为0.7m，最大使用水流流速为0.5m/s，使用最大波高1m；

（6）岸滩围油栏每节长度为20m，吃水深度最大为0.4m，最大使用水流流速为1.0m/s，使用最大波高1m。

2）油拖网

主要尺寸：2150mm×650mm×1080mm。

3）清污船或收油船

（1）Berthing　　30.30m×8.42m×4.05m；

（2）POLLCAT　　19.0m × 6.0m；

主要溢油应急与处置装备尺度和环境试验要求 表4.1-3

类型	型号	设备尺度			试验环境要求		
		长度(m/节)	宽度(m)	吃水深度(m)	试验用水	试验用油	试验波浪
围油栏	充气橡胶	100/200		1.4	淡水/海水（材料试验）	替代油品/真实油品（材料试验）	深水波
	快速布防	200		0.84			浅水波
	固定浮子橡胶	20		0.9			
	固定浮子 PVC	20		0.76			
	PVC 围油栅	20		0.7			
	岸滩围油栏	20		0.4			
油拖网		2.15	0.65	1.08	淡水/海水	替代油品/真实油品	深/浅水波
清污船/收油船	Berthing	30.30	8.42	4.05			深水波
	POLLCAT	19.0	6.0				
	SEA CAT 17	17.0	6.0				
	HALLI Oil combating	61.5	12.4				
	DNV Ice-breaker Ice 10	99.9	21.2				
收油机		6~8	2~3	0.8			深/浅水波
分散剂喷洒装置	轻便型	0.84	0.94	0.8	淡水/海水	替代油品（喷洒效果）/真实油品（毒性试验、分散效果）	深/浅水波（浅水为环境敏感区，通常不允许喷洒）
		最大喷射量 40L/min，最大水平射程 10m					
	船用喷洒臂	3~10					
		最大喷射量 40~400L/min					
	机载喷洒装置	根据机型大小设计喷洒臂长度、泵排量和存储罐容					
浮标	跟踪型	0.3	0.3	0.15	淡水/海水	替代油品/真实油品（鉴别型）	深/浅水波
	报警型	0.3	0.3	0.15			
	鉴别型	0.3	0.3	0.15			
浮动油囊	进口密封浮式油囊	最大容积为 $100m^3$			淡水/海水	替代油品/真实油品（材料试验）	深/浅水波
	国内使用的油囊	最大容积为 $20m^3$					
溢油分散剂		黏度小于 $50mm^2/s$，乳化率大于 20%（在 10min 条件下），生物降解度 BOD_5/COD 大于 30%			淡水/海水	替代油品（喷洒效果）/真实油品	深/浅水波（环境敏感区不允许）

(3)SEA CAT 17　　17.0m × 6.0m;

(4)HALLI Oil combating　　61.5m × 12.4m;

(5)DNV Icebreaker Ice 10　　99.9m × 21.2m。

4)收油机

主要尺寸:(4～10)m×(2～2.5)m,吃水深度最大为0.8m,收油时收油头航速0～1.5m/s,最大耐波高1～2m。

5)溢油分散剂喷洒装置

(1)轻便型溢油分散剂喷洒装置主要尺寸:840mm×940mm×800mm,最大喷射量40L/min,最大水平射程10m;

(2)船用溢油分散剂喷洒臂,适于装在船上对大面积水域喷洒溢油分散剂,臂长3～10m,最大喷射量40～400L/min;

(3)飞机用溢油分散剂喷洒装置,适用于小型飞机或直升机对广阔水域喷洒溢油分散剂,可根据飞机形式和大小设计喷洒臂的长度、喷洒泵的排量和存储罐的容积。

6)浮标

外表面直径29.6cm,质量6kg。

7)浮动油囊

(1)英国Vikoma公司的密封浮式油囊最大容积为$100m^3$;

(2)青岛光明环保技术有限公司制造的油囊最大容积为$50m^3$,最大拖拉速度为1.5m/s。

8)溢油分散剂

黏度小于$50mm^2/s$,乳化率大于20%(在10min条件下),生物降解度BOD_5/COD大于30%。

9)沉潜溢油清除装置

与上述水面溢油应急处置装置的水平尺度基本一致,高度及适用水深明显较大、较深,通常达到水下5～10m或更深。

4.1.3　受试装置比尺及模拟海况条件分析

蒲福波级表系在国际通用风力等级划分标准蒲福风级表中加上波级而成,由英国海军上将弗朗西斯·蒲福经过67年坚持海上气象日记观察和总结,于1805年拟定,1838年被英国海军部正式采用,1874年在国际气象组织会议上被正式采纳,至今仍被各国气象部门普遍采用,其海况等级(即波级)分为0～9共10级,对应海面征状、风级、波高、周期、波长等要素,不同海况的波浪情况参见表4.1-4。

参照蒲福波级表的不同海况波浪情况一览表　　　　表4.1-4

海况等级	海面状况	浪高范围(m)	波浪周期范围(s)	平均波长(m)	海面征状
0级	无浪	0～0.015	0～0.5	0.25	海面光滑如镜或仅有涌浪存在,风速0～1.5m/s
1级	涟波	0.015～0.1	0.5～2.5	2～4	波纹或涌浪和波纹同时存在,风速0～1.5m/s
2级	小浪	0.1～0.5	2.5～3	6～8	波浪很小,波长尚短,但波形显著。浪峰不破裂,渔船有晃动,张帆可随风移行,每小时2～3n mile

续上表

海况等级	海面状况	浪高范围(m)	波浪周期范围(s)	平均波长(m)	海面征状
3级	轻浪	0.5~1.25	3~4	10~16	波浪不大,但很触目,波长变长,波峰开始破裂,浪沫光亮,有时可见散开的白浪花,其中有些地方形成连片的白浪。渔船略觉簸动,渔船张帆时随风移行,每小时3~5n mile,满帆时,可使船身倾于一侧
4级	中浪	1.25~2.5	4~5.5	24~30	波浪具有很明显的形状,许多波峰破裂,到处形成白浪,成群出现,偶有飞沫。同时较明显的长波状开始形成。渔船明显簸动,需缩帆一部分
5级	大浪	2.5~4.0	5.5~7	32~48	高大波峰开始形成,到处都有更大的白沫峰,有时有些飞沫。浪花的峰顶占去了波峰上很大的面积,风开始削去波峰上的浪花,碎浪成白沫沿风向呈条状。渔船起伏加剧,要加倍缩帆至大部分,捕鱼需注意风险
6级	巨浪	4.0~5.0	7~9	56~70	海浪波长较长,高大波峰随处可见。波峰上被风削去的浪花开始沿波浪斜面伸长成带状,有时波峰出现风暴波的长波形状。波峰边缘开始破碎成飞沫片;白沫沿风向呈明显带状。渔船停息港中不再出航,在海者下锚
7级	狂浪	5.0~6.5	9~10.5	78~100	风削去的浪花带布满了波浪斜面,并有些地方到达波谷,波峰上布满了浪花层
8级	怒涛	6.5~8.0	10.5~12.5	110~150	稠密的浪花布满了波浪斜面,海面变成白色,只有波谷内某些地方没有浪花
9级	熊涛	8.0~14	12.5~18	160~300	整个海面布满了稠密的浪花层,空气中充满了水滴和飞沫,能见度显著降低

根据《水运工程模拟试验技术规范》(JTS/T 231—2021),波浪物理模型试验应采用正态模型,其断面物理模型长度比尺≤40~80,整体物理模型长度比尺≤150,原始入射波的规则波波高≥2cm,波周期≥0.5s,不规则波有效波高≥2cm,波峰值周期≥0.8s。当整体物理模型的试验条件受到限制时,可采用变态物理模型,根据现场资料和试验要求,合理选择模型比尺,设计物理模型,并对相似条件进行验证。变态物理模型设计中,波长、波周期和时间比尺的确定,当以波浪折射为主时,按公式(4.1-1)~(4.1-3)计算,当以波浪绕射为主时按公式(4.1-4)~(4.1-6)计算。

$$\lambda_L = \lambda_h \tag{4.1-1}$$

$$\lambda_T = \lambda_h^{1/2} = \lambda_L^{1/2} \tag{4.1-2}$$

$$\lambda_t = \lambda_T \tag{4.1-3}$$

式中:λ_L——波长比尺;

λ_h——模型垂直长度比尺;

λ_T——波周期比尺;

λ_t——时间比尺。

$$\lambda_L = \lambda_l \tag{4.1-4}$$

$$\lambda_T = \left(\frac{\lambda_L}{\lambda \cdot \tanh \frac{2\pi h}{L}}\right)^{\frac{1}{2}} \tag{4.1-5}$$

$$\lambda_t = \lambda_T \tag{4.1-6}$$

式中：λ_L——波长比尺；

λ_l——模型水平长度比尺；

λ_T——波周期比尺；

$\lambda\left(\tanh \frac{2\pi h}{L}\right)$——原型与模型的 $\tanh\left(\frac{2\pi h}{L}\right)$之比；

h——水深；

L——波长；

λ_t——时间比尺。

除以上我国对水运工程物理模型试验缩比比尺做出标准规范外，国际拖拽水池会议(ITTC)推荐的不失真模型缩比比尺为≤20，国际海事组织有关船舶压载水处理系统模型试验的缩比比尺要求为≤200。上述推荐的或规定的模型试验比尺可作为溢油应急试验水池尺度的设计参考。从尽可能减少模型试验失真的角度，本研究建议综合试验水池的受试应急处置装置模型比尺≤10，参照式(4.1-2)分别计算 1 ~ 3 级海况条件原型波周期所对应的比尺为 2 ~ 10 时的缩比仿真波周期，并按照表 4.1-4 确定该缩比仿真波周期的对应仿真海况等级(表 4.1-5)，从中可知，当试验波周期为 4.0s 时，若采用原型受试装置开展测试试验，则试验海况相当于 3 级，若采用比尺为 1∶10 的缩比仿真装置开展测试试验，则试验海况相当于 9 级。

不同缩比模型实验波浪周期值对照表　　表 4.1-5

比尺	原型	2	3	4	5	6	7	8	9	10
波周期(s)	1.0	1.4	1.73	2.0	2.24	2.45	2.65	2.83	3.0	3.16
海况等级	1	1	1	1	1	2	2	2	2	3
波周期(s)	1.5	2.1	2.60	3.0	3.35	3.67	3.97	4.24	4.5	4.74
海况等级	1	1	2	2	3	3	3	4	4	4
波周期(s)	2.0	2.8	3.46	4.0	4.47	4.9	5.30	5.66	6.0	6.32
海况等级	1	2	3	3	4	4	4	5	5	5
波周期(s)	2.5	3.54	4.33	5.0	5.59	6.13	6.61	7.08	7.5	7.90
海况等级	2	3	4	4	5	5	5	5	6	6
波周期(s)	3.0	4.24	5.19	6.0	6.71	7.35	7.94	8.49	9.0	9.48
海况等级	2	4	4	5	5	6	6	6	7	7
波周期(s)	3.5	4.95	6.06	7.0	7.83	8.57	9.26	9.90	10.5	11.1
海况等级	3	4	5	5	6	6	7	7	8	8
波周期(s)	4.0	5.66	6.92	8.0	8.95	9.80	10.6	11.3	12	12.6
海况等级	3	5	5	6	6	7	8	8	8	9

说明：

灰度									
海况等级	1	2	3	4	5	6	7	8	9

4.1.4 试验水池尺度及模拟波浪、海况条件分析

根据 Kinsman 对海洋波浪的分类，周期为 1～30s，尤其是 5～15s 的波属于重力波，重力波按其传播海域的水深，亦即按相对水深 $d/L=1/2$（即水深 d 为波长 L 之半）为界，区分为深水波、过渡波和浅水波，其中，水深小于波长的 1/20 时为浅水波，介于 1/20 和 1/2 之间为过渡波，大于 1/2 时为深水波。

深水波是指水深大于半个波长处的波浪，其水面附近的水质点运动比较显著，水质点运动近似为一圆形，而波动随深度的增加会逐渐微弱，甚至静止。深水波的传播速度只取决于波长，而与水的深度无关，即当 $d/L>1/2$ 时，波浪特征实际上与水深 d 无关。

过渡波及浅水波是指水深小于半个波长处的波浪，其水质点的竖直运动随水深增加而线性减小，在水底变为零，也即，底部摩擦问题是不可忽略的。在波峰处，水前进较容易；在波谷处，水前后行进会与底部发生摩擦，其结果是：水质点在波峰处向前运动的距离大于波谷处质点向后运动的距离，造成水的净移动。即当 $d/L<1/2$ 时，波浪特征受到水深 d 与波长 L 的影响。

考虑到目前溢油应急与处置装备需要在深水波、过渡波和浅水波的作业环境条件下工作，且最大使用波高均不小于 1m，因此，综合试验水池应尽可能具备模拟 3 级海况下深水波、过渡波和浅水波作业环境条件的功能，其中，首先应具备过渡波和深水波的模拟功能。

为保证代表性环境条件下试验结果的有效性和可靠性，综合试验水池长度应满足造波系统在水池内形成一定的有效波数，建议稳定试验段的水池长度至少能形成不少于 3～4 个有效波。由表 4.1-4 可知，3 级海况下波浪的最大周期为 4s。根据 Kinsman 对海洋波浪的分类，4s 周期的波为重力波，其平均波长与平均周期之间的关系如式（4.1-7）所示。

$$\lambda=\frac{g}{5\pi}t^2 \tag{4.1-7}$$

式中：λ——平均波长（m）；

t——波浪周期（s）；

g——重力加速度。

经计算，周期为 4.0s 波的平均波长为 25.0m，为满足至少不能少于 3～4 个有效波的测试要求，水池有效、稳定测试段长度应不小于 75～100m，加上造波段和消波段各按 10m 计，水池长度应不小于 95～120m。

按照前述的 Kinsman 对深水波、过渡波和浅水波的划分理论，若要使周期为 4.0s 的波形成深水波，水池水深需达到 12.5m，否则只能形成过渡波及浅水波。而 3 级海况的周期下限为 3.0s，此时若形成深水波，水深不应小于 7m。不同海况等级原型实验水池水深应达到的要求详见表 4.1-6。

考虑到开展沉潜溢油应急处置装备性能试验对水深的要求，以及形成 3 级海况深水波的基本需求，建议试验水池水深取 7.5m，再加上 3 级海况浪高可达 1m，水池的干舷高度取 1m，水池的总深度为 8.5m。

不同海况等级原型实验水池水深要求表　　表4.1-6

海况等级		0级	1级			2级	3级		
t(s)		0.5	1.0	1.5	2.0	2.5	3.0	3.5	4.0
λ(m)		0.39	1.56	3.51	6.25	9.76	14.05	19.13	24.98
水深(m)	深水波	>0.20	>0.78	>1.76	>3.12	>4.88	>7.03	>9.56	>12.49
	过渡波	0.02~0.20	0.08~0.78	0.18~1.76	0.31~3.12	0.49~4.88	0.70~0.70	0.96~9.56	1.25~12.49
	浅水波	<0.02	<0.08	<0.18	<0.31	<0.49	<0.70	<0.96	<1.25

试验水池的宽度以能满足溢油应急处置装置原型试验的尺度要求并留有距池壁不少于1m的宽度余量为宜,以保证因边壁效应而引起的测试误差基本可忽略。根据现有应急处置装备的尺度,水池的宽度宜不小于25m。若要满足每节长度20m的围油栏联结试验,则水池的宽度宜不小于31m。

4.1.5　综合试验装置组成方案

本研究提出了集成创建海面及沉潜溢油清污技术装备的原型至大比例缩比试验装置的组成方案,其具体包括:

(1)海面及沉潜溢油环境模拟装置;

(2)原型至大比例缩比尺度单独或组合溢油清污作业模块;

(3)试验油品及水质监视监测模块;

(4)试验用油用水循环计量模块。

以上试验装置的主要用途为:

(1)在模拟海况及模拟溢油环境中,单独或组合地再现对海面及沉潜溢油围控、回收、化学分散、吸收吸附、生物降解等技术、设备及材料在原型至比尺不小于1:10的大比例缩比尺度上的清除油污作业,并测试和记录代表性海况条件和代表性油品及其扩散、风化状况下,对海面溢油、海水体及海底沉潜油的围控、回收、分散、吸收、吸附、降解等性能指标。

(2)配备的试验用油、用水循环系统及其计量、监测模块,在满足上述性能指标的连续、定量分析测试要求的同时,还实现了试验用油、用水的便捷高效循环利用,以及节省试验设施占用的空间。

(3)为科学认识海面及沉潜溢油清污技术、设备及材料在近似真实环境条件下的清污作业状况,便捷开展溢油清污技术和装备的清污性能检测及效果评估,有效改进和提升清污技术和装备的性能,积极采取风险防备、应急处置、污染清除、环境修复对策措施,提供试验技术支持。

本试验装置针对海面溢油、海水体、海底沉潜油、水深、水流及波浪、水质、自然光照等环境条件、溢油风化及回收、分散、降解的水质浓度变化、溢油清污作业等影响因素,综合形成能开展适用于原型至大比例缩比尺度溢油清污装备的循环利用试验装置(简称综合试验装置,详见图4.1-1),弥补了难以利用现有溢油风化实验装置开展溢油清污作业性能及效果模拟的缺憾,填补了绿色零排放的模拟仿真海面及沉潜溢油清污作业试验装置的空白。

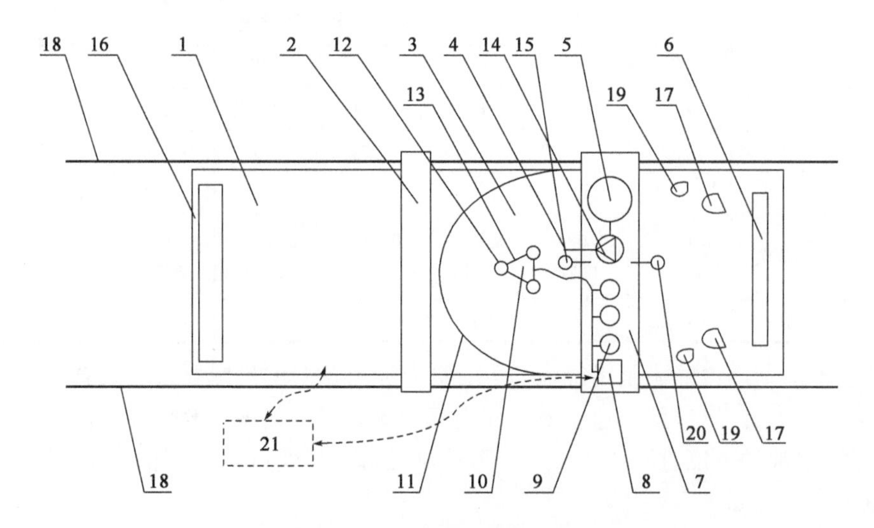

图 4.1-1　综合试验装置组成示意图

1-试验水池；2-辅助拖车；3-试验区域；4-投油装置；5-投油罐；6-造波系统；7-拖曳拖车；8-油水混合物罐；9-测量罐；10-被检收油机；11-围油栏；12-吸油材料及收放装置；13-降解菌剂及缓释装置；14-分散剂罐及喷洒装置；15-光纤传感器；16-消波装置；17-造流泵群组；18-滑轨；19-水下摄像头；20-多功能水质测试仪；21-油水分离与回收装置

综合试验装置各组成模块的相互关联关系具体如下：

(1)建造于室外的海面及沉潜溢油环境模拟装置用于在试验水池中造波、造流，为原型至大比例缩比尺度溢油清污技术和装备的清污试验提供适合的海水试验空间、水流条件、深水波、过渡波和浅水波海洋波浪条件、气温、光照等自然环境条件。

(2)原型及大比例缩比尺度单独或组合溢油清污作业模块用于根据试验油品特性向试验水池计量投油，以及在测试溢油分散剂效果时向试验水池计量投放分散剂，在测试收油机、围油栏、吸油材料、促进生物降解菌剂性能时模拟原型及大比例缩比尺度单独或组合的溢油清污技术和装备的布设和作业。

(3)试验油品及水质监视监测模块用于监测和记录水面油膜的位置、厚度和面积，观测水下及水底沉潜油状况，分析围油栏、收油机、吸油材料及收放装置、分散剂及喷洒装置的围控和清除油污的效果，按照一定的时间间隔取样测试表面、半潜和沉底区域试验油品特性，以及探测及取样测试试验水池不同区域水质指标，计算分散剂及喷洒装置、降解菌剂及缓释装置的清污效率和速率，分析溢油清污技术和装备单独或组合作业的清污效果。

(4)试验用油用水循环计量模块用于计量称重自受检收油机及吸油材料收放装置回收的油水混合物及其静置后分层的高含量溢油，计算回收效率和速度，循环处置静置后分层的低溢油含量油水混合物和试验水池含油污水，将分离后浓缩脱水的高含量溢油送入投油罐回用，将低含油量出水送至备用橡胶水池回用。

4.1.6　综合试验系统及试验方案研究

在上述综合试验装置组成方案的论证设计研究基础上，本研究提出了综合试验系统及其试验方案，试验系统的组成见图 4.1-2，循环测试流程见图 4.1-3。

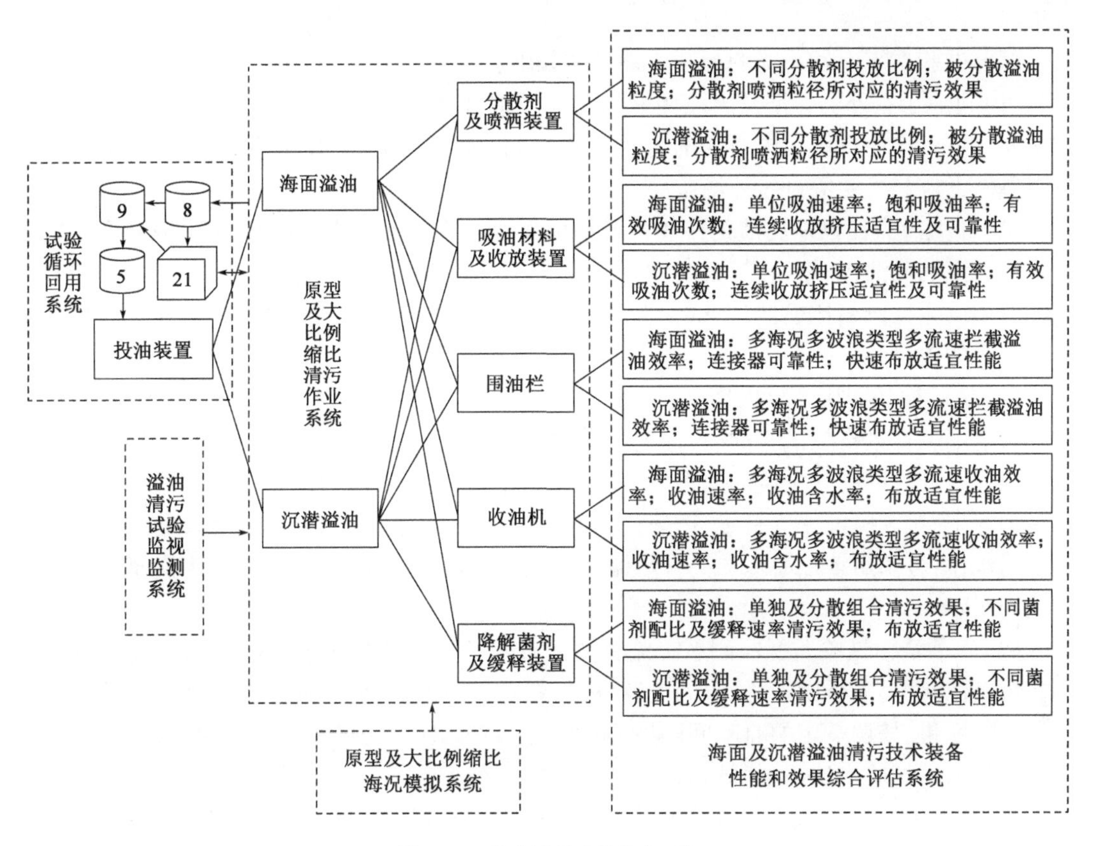

图 4.1-2 综合试验系统组成方案

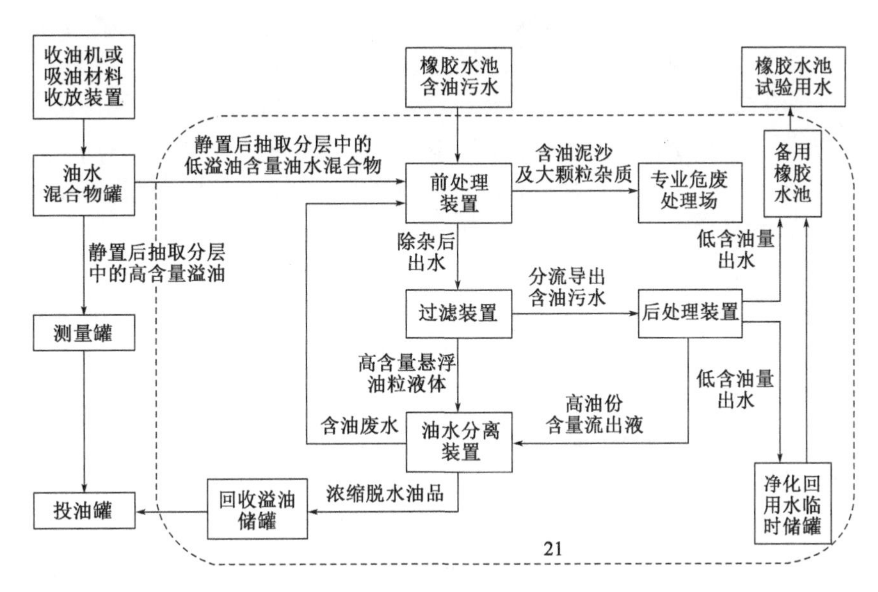

图 4.1-3 综合试验系统循环测试流程图

综合试验系统包括：原型及大比例缩比海况模拟系统、原型及大比例缩比清污作业系统、试验循环回用系统、溢油清污试验监视监测系统、海面及沉潜溢油清污技术装备性能和效果综合评估系统。

综合试验系统中各系统的相互关系具体如下：

(1)建造于室外的原型及大比例缩比海况模拟系统在试验水池中造波、造流，原型及大比例缩比清污作业系统提供所需的海水试验空间，水流条件，深水波、过渡波或浅水波海洋波浪条件，气温、光照等自然环境条件。

(2)原型及大比例缩比清污作业系统根据作业季节和试验油品特点，单独或组合布设海面或沉潜溢油收油机、围油栏、吸油材料及收放装置、分散剂及喷洒装置、降解菌剂及缓释装置的原型或大比例缩比模型，在试验循环回用系统和溢油清污试验监视监测系统的配合下开展清污作业试验。

(3)试验循环回用系统根据试验油种特性和受试清污技术和装备的作业特点，在水面或水下一定深度计量投放试验油品，称量自受检收油机、吸油材料收放装置回收的油水混合物及其静置后分层的高含量溢油的重量，计算分海况等环境条件的收油效率、速率、含水量，单位吸油速率、饱和吸油率等指标，循环处置静置后分层的低溢油含量油水混合物和试验水池含油污水，将分离后浓缩脱水的高含量溢油送入投油罐回用，将低含油量出水送至备用橡胶水池回用。

(4)溢油清污试验监视监测系统监测和记录水面油膜的位置、厚度和面积，观测水下及水底沉潜油状况，分析围油栏、收油机、吸油材料及收放装置、分散剂及喷洒装置的围控和清除油污的效果，按照一定的时间间隔取样测试表面、半潜和沉底区域试验油品特性，以及探测及取样测试试验水池不同区域水质指标。

(5)海面及沉潜溢油清污技术装备性能和效果综合评估系统结合清污作业试验过程，开展分海况等环境条件的收油机适宜布放性能、围油栏连接器可靠性及快速布放适宜性、吸油材料收放装置有效吸油次数和连续收放挤压适宜性及可靠性、降解菌剂缓释装置布放适宜性等指标的评估，结合试验循环回用系统运行过程，计算分海况等环境条件的回收效率、速率、含水量，单位吸油速率、饱和吸油率等指标，结合溢油清污试验监视监测系统的观测分析结果，计算分海况等环境条件的不同成分、投放比例、喷洒粒径分散剂及喷洒装置、不同菌剂、配比及缓释速率降解菌剂及缓释装置的清污效率和速率，分析溢油清污技术和装备单独或组合作业的清污效果。

综合试验系统的具体试验步骤如下：

(1)选择适宜的季节启动原型及大比例缩比海况模拟系统，为原型及大比例缩比清污作业系统提供所需的海水试验空间，水流条件，深水波、过渡波或潜水波海洋波浪条件，气温、光照等自然环境条件。

(2)根据作业季节和试验油品的特点，选择开展海面或沉潜溢油清污技术和装备的试验，通过原型及大比例缩比清污作业系统单独或组合布设海面或沉潜溢油收油机、围油栏、吸油材料及收放装置、分散剂及喷洒装置、降解菌剂及缓释装置的原型或大比例缩比模型，在试验循环回用系统和溢油清污试验监视监测系统的配合下开展清污作业试验，同步进行分海况等环境条件的收油机适宜布放性能、围油栏连接器可靠性及快速布放适宜性、吸油材料收放装置有效吸油次数和连续收放挤压适宜性及可靠性、降解菌剂缓释装置布放适宜性等指标的评估。

(3)根据试验油种特性和受试清污技术和装备的作业特点,由试验循环回用系统在水面或水下一定深度计量投放试验油品,称量自受检收油机、吸油材料收放装置回收的油水混合物及其静置后分层的高含量溢油的重量,计算分海况等环境条件的回收效率、速率、含水量,单位吸油速率、饱和吸油率等指标,循环处置静置后分层的低溢油含量油水混合物和试验水池含油污水,将分离后浓缩脱水的高含量溢油送入投油罐回用,将低含油量出水送至备用橡胶水池回用。

(4)根据溢油清污试验监视监测系统监测和记录的水面油膜位置、厚度和面积,观测的水下及水底沉潜油状况,分析评估受试围油栏、收油机、吸油材料及收放装置、分散剂及喷洒装置的围控和清除油污的效果,按照一定的时间间隔取样测试表面、半潜和沉底区域试验油品特性,以及探测及取样测试试验水池不同区域水质指标,计算分海况等环境条件的不同成分、投放比例、喷洒粒径分散剂及喷洒装置、不同菌剂、配比及缓释速率降解菌剂及缓释装置的清污效率和速率,分析溢油清污技术和装备单独或组合作业的清污效果。

对上述步骤中的进一步描述及相关计算公式包括:

(1)所述分散剂喷洒装置带有水上水下分散剂喷嘴、分散剂储罐、分散剂计量输送泵及投放控制器,该投放控制器能远程调控分散剂喷嘴的类型和位置、分散剂计量输送配比、投放速率及总量,用于试验对海面溢油、水下及水底沉潜溢油喷洒不同成分、比例及粒径分散剂的清除效果,分散剂投放重量按式(4.1-8)计算;

$$WD_{e,m} = A_{k,m} \times WS_{e,k} \tag{4.1-8}$$

式中:$WD_{e,m}$——第 e 种溢油清污试验条件下第 m 种分散剂投放重量(kg);

$A_{k,m}$——第 k 种试验油品第 m 种分散剂用量系数,无量纲;

$WS_{e,k}$——第 k 种试验油品第 e 种清污试验条件下的投放重量(kg)。

(2)所述投油装置投放试验油品的重量按式(4.1-9)计算:

$$WS_{e,k} = AS_e \times [p20_k - (t_e - 20) \times y_{p20_k}] \times T_{e,k} \times 10^{-3} + WS'_{e,k} \tag{4.1-9}$$

式中:$WS_{e,k}$——第 k 种试验油品第 e 种清污试验条件投放质量(kg);

AS_e——第 e 种清污试验条件由围油栏围控的试验区域水体面积(m^2);

$p20_k$——第 k 种试验油品 20℃密度(kg/m^3);

t_e——第 e 种清污试验条件环境温度(℃);

y_{p20_k}——第 k 种试验油品 20℃密度的温度修正系数,$kg/m^3/℃$,取 $5.2177 \times 10^{-4} \times p20_k^{-1.5}$;

$T_{e,k}$——第 e 种清污试验条件第 k 种试验油品的常见油膜厚度,mm;

$WS'_{e,k}$——第 k 种试验油品第 e 种清污试验条件清污作业需补充的投放油品重量,kg。

(3)所述油水分离与回收系统包括前处理装置、过滤装置、油水分离装置、后处理装置、回收溢油储罐、净化回用水临时储罐、连接管线、抽液及输送泵,其油水分离与回收采用了如下方法:

a. 由油水混合物罐存储和计量收油机或吸油材料收放装置回收的溢油及油水混合物重量,静置分层后的高含量溢油送至测量罐,称重计量后再送至投油罐,循环回用于后续试验;

b. 静置分层后的低溢油含量油水混合物由抽液泵抽送至前处理装置除杂(去除掉的含油泥沙及大颗粒杂质送至专业危废处理场处置)(步骤①),出水进入过滤装置过滤分流(步骤②);

c. 过滤出的高含量悬浮油粒液体被送至油水分离装置(步骤③),进一步浓缩脱水后送至回收溢油储罐,称重计量后送至投油罐,循环回用于后续试验(步骤④);

d. 经油水分离装置脱出的含油污水送至前处理装置重复以上步骤①~④加以处理(步骤⑤);

e. 经过滤装置分流的含油污水则进入后处理装置(步骤⑥),处理出的高油分含量流出液重复步骤③~⑤加以处理(步骤⑦),分离出的低含油量出水送至净化回用水临时储罐或备用橡胶水池,循环回用于后续试验(步骤⑧);橡胶水池含油污水按以上步骤⑤~⑧处理。

(4)所述海面及沉潜溢油清污技术装备性能和效果综合评估系统的各评估系统具有如下评估指标特征:

a. 收油机评估系统:不同海况、波浪类型、流速等环境条件下对海面或沉潜溢油代表性油品的回收效率、回收速率、收油含水率、适宜布放性能;

b. 围油栏评估系统:不同海况、波浪类型、流速等环境条件下对海面或沉潜溢油代表性油品的拦截效率、连接器可靠性、快速布放适宜性;

c. 吸油材料及收放装置评估系统:特定海况等环境条件下对海面或沉潜溢油代表性油品的单位吸油速率、饱和吸油率、有效吸油次数、连续收放挤压适宜性及可靠性;

d. 分散剂及喷洒装置评估系统:特定海况等环境条件下对海面或沉潜溢油代表性油品喷洒不同成分、投放比例、粒径分散剂的清除油污效果及被分散溢油粒度;

e. 降解菌剂及缓释装置评估系统:特定海况等环境条件下单独及与分散剂组合使用时的清污效果、不同菌剂、配比及缓释速率的清污效果、布放适宜性。

4.2 收油机试验工艺与方案

4.2.1 定义

收油机试验的主要测试指标是收油机的回收速率和回收效率,两者是衡量收油机性能的关键指标,直接反映了不同型式收油机的工作能力,其具体定义如下:

(1)回收速率:在一定时间内所能够回收起来的油水混合物的重量;

(2)回收效率:在回收的全部油水混合物中纯油所占的百分比。

收油机回收速率、回收效率的测试试验,需要基于一定的试验条件,如模拟环境条件、试验水池、拖曳条件、造波条件、局部造流条件、溢油黏度、投油条件、试验用油特性等。

4.2.2 试验环境条件模拟

我国海岸线纬度方向跨度大,海浪具有周期跨度大、强浪显著的特点。从北到南,我国的天然海浪参数依次为:

渤海 $H_{1/100}$:4~7m(大连) T_m:5~11s

黄海 $H_{1/100}$:4~9m(蓬莱、烟台) T_m:5~13s

东海 $H_{1/100}$:6~16m(浙江、福建) T_m:8~16s

南海 $H_{1/100}$:6~14m(粤东、西沙、南沙) T_m:10~16s

部分国外的波浪参数及长周期、奇异、孤立、海啸波的波浪参数如下:

韩国　$H_{1/100}$:6 ~ 16m　　T_m:8 ~ 20s

印度洋北岸　$H_{1/100}$:6 ~ 12m　　T_m:10 ~ 20s

长周期波、奇异波、孤立波、海啸　$H_{1/100}$:6 ~ 40m　　T_m:20 ~ 1800s

参考渤海溢油应急清污工作的实际环境条件,清理油污的船只和海监船在风力达到7至8级、浪高3至4 m的情况下需要撤离溢油事故现场。国家海事部分采用对海况的分级确定可正常进行溢油处置工作的最大海况等级为5级,该海况条件下,海面出现高大的波峰,浪花占了波峰上很大面积,风开始削去波峰上的浪花,浪高达到2.5 ~ 4.0m,波浪最大周期为7s,波浪最大波长为48m,风力达到6级。不同等级海况条件环境状况说明参见表4.1-4。

4.2.3　试验水池尺度要求

(1)试验水池长度

美国Ohmsett溢油实验室的试验水池长度为203m,其能够实现的稳定试验段时间比较充裕,即使拖曳速度达到3m/s,稳定的测试时间仍可以达到67s。而如果试验水池的长度过短,则即使以很慢的拖曳速度行走,可供稳定试验的时间仍然十分短暂。

根据下行带式收油机收油原理,收油机需与水面形成一定的水流流速,对下行带式收油机回收效率的试验,即是对收油机的原型性能试验,要达到与外环境类似的水流流速,应进行水池内水体的造流,根据下行带式收油机能够正常工作的水流条件上限5kn(约2.5m/s),为达到原型试验造流的模拟流速要求,造流所需耗电量十分巨大,经济上不具有可行性。根据Ohmsset实验室拖曳系统经验,收油机试验条件中的试验水池应采用拖曳系统形成相对水流流速,以降低收油机试验的成本。

拖曳系统是通过拖动下行带式收油机在水池内运动,形成相当于水体自然流速效果的相对运动。但要在拖曳过程中完成规定时间的收油作业,并测定其性能参数,试验水池应需达到一定的长度,以保证通过拖曳相对运动来实现稳定的相对流速试验段,拖曳时间与水池稳定段的长度呈正比,与拖曳速度呈反比(表4.2-1)。从表4.2-1中可知,随着拖曳速度的提高,以及水池稳定段长度的缩短,能够开展稳定试验的时间就越短,越不利于有效数据的获取。

实验装备拖曳试验时间与拖曳速度和水池长度对照表(单位:s)　　表4.2-1

拖曳速度(m/s)	水池长度(m)							
	60	80	100	120	140	160	180	200
1.0	60	80	100	120	140	160	180	200
1.5	40	53	67	80	94	107	120	94
2.0	30	40	50	60	70	80	90	100
2.5	24	32	40	48	56	64	72	80

参考JBF报告的DIP600收油机在Ohmsett实验室进行的试验,用拖曳方法使受试设备与水面产生稳定的1.5m/s和2.5m/s相对水流速度,收油时间分别为60s和40s,所以,为了达到用拖拽方法产生足够长时间、稳定、速度比较快的相对运动,以进行动态收油的试验及得到稳定波长较大的波浪,水池的稳定试验段长度不应小于90m(拖曳速度1.5m/s,试验时

间 60s),并应留有尽可能长的余量。

为保证代表性环境条件下试验结果的有效性和可靠性,试验水池长度应满足造波系统在水池内形成一定的有效波数,稳定试验段的水池长度至少能满足形成不少于 3 ~ 4 个有效波的要求。所以,水池的稳定试验段长度也不应小于 90m。

(2)试验水池宽度

参考 ASTM F2709-08《测定固定式撇油器系统铭牌回收率的标准试验方法》、ASTM F1780—2010《估计溢油回收系统有效性的标准指南》中试验条件,水池的长度和宽度应至少为收油机的外形尺寸的三倍,及参考 ISO 21072-1《船舶与海上技术　海洋环境保护:撇油器性能试验　第 1 部分:动态水条件》(GB/T 31971.1—2015)、ISO 21072-2《船舶与海上技术　海洋环境保护:撇油器性能试验　第 2 部分:静态水条件》(GB/T 31971.2—2015)中试验条件,对被检设备应不超过水池宽度的 50%,以便于收油机在水池内能够自由移动,考虑现有船用外置式收油机的扫油宽度已不低于 10m,所以,水池宽度应不小于 30m。

(3)试验水池深度

参考 ASTM F2709-08《测定固定式撇油器系统铭牌回收率的标准试验方法》中试验条件,对水池深度的要求是只要适合收油机不触池底,考虑现有国内外各类收油机的吃水深度不大于 1m 和减小池底对波浪的影响,水池水深应不小于 1.5m,以保证收油机与池底的不触碰。

4.2.4　拖曳条件模拟

(1)拖曳速度

为实现试验水流流速要求,模拟水流流动对被检设备运行的影响,并在溢油回收设备测试过程中采集数据,需要横跨主水池设置拖曳系统,拖曳系统由两座拖车组成,分别为拖曳拖车和辅助拖车,均可实现 0 ~ 2.5m/s 的无级调速,从而模拟 0 ~ 5kn 的水流流速。拖曳拖车设置计量系统、测量罐、储油罐、投油装置,并设置挂钩等辅助装置,辅助拖车设置控制室、试验设备和观察辅助设备,拖车跨距根据水池宽度确定。

(2)拖车尺寸

拖曳拖车的长、宽、高根据测量罐、储油罐的尺寸及布置确定,辅助拖车的尺寸根据控制室布置确定。

(3)拖曳拖车拖曳力矩

现有国内外收油机的长度一般为 1 ~ 10m 之间,宽度约为 1 ~ 10m 左右,水下不超过 1m。

拖带收油机收油作业时,拖带力矩按照式(4.2-1)计算:

$$T = 1000DFV^2 \tag{4.2-1}$$

式中:T——拖曳力矩(kN · m);

D——收油机密度(kg/m³);

F——收油机水下体积(m³);

V——相对收油机的水流流速(m/s)。

当受试设备水下深度为 1m,宽度 2m,长度 3m,收油机密度 3.5kg/m³,水流流速 2.5m/s,可计算最大拖曳力矩为 131.25kN · m,取保守值最大拖曳力矩为 132kN · m。

$$T = 1000DFV^2 = 1000 \times 3.5 \times 1 \times 2 \times 3 \times 2.5^2 = 131.25(\mathrm{kN \cdot m})$$

4.2.5　造波条件模拟

1)造波系统

造波是以机械部件的运动对水体施加扰动产生波浪。如果扰动是周期性的,则在水面上产生规则的、具有和扰动相同周期的波浪,如果是非周期性的,则产生不规则的波浪。

常见的造波方式具有如下类型:

(1)摇板式:通过机械驱动使摇板绕固定轴往复摆动,使水池中水产生波动。波高由摇板的摆动幅度控制,而波长或周期则由摆动频率控制,摇板式主要应用于造深水波。

(2)推板式:又称活塞式,通过连杆驱动设在水池一端的活塞进行往复运动。活塞冲程和速度决定波高,而往复频率决定波长,推板式可应用于造深、浅水波。

(3)冲箱式:造波部件为断面呈特殊形状的柱体,通过该柱体沿垂直水面方向围绕水面作往复运动达到造波的目的。

(4)转筒式:转筒式是通过设置在水面的圆柱体绕偏心轴旋转从而产生波浪。

当试验水池水深为1.5m时,与摇板式造波方式相比,推板式造波方式具有更高的性价比,推荐采用推板式造波系统。

造波系统由三部分组成:机械系统、电控系统和应用软件。根据驱动力划分,造波系统具有电机、液压和气压三种驱动方式,它们各有优缺点,且使用范围不同。电机驱动电动缸实现造波,该系统具有响应快、精度高、可靠性好等优点。所以,选定电机伺服驱动方式驱动造波系统。

2)消波装置

消波装置有海绵消波和阻尼消波等,海绵消波主要消除频率高、波长小的波浪,且消波效果差,而阻尼消波主要消除频率低、波长大,且消波效果较好,由于试验中所造波的波长较大,所以拟选用阻尼消波方式,其具有一定的斜坡坡度,波浪波长决定了阻尼消波装置的长度。

4.2.6　造流条件

造流系统能够模拟出一定流速规则或不规则的水流,造流系统具备整体造流和局部造流两种方式。

整体造流是利用可逆轴流水泵和驱动变频电机来实现的,水体在水泵作用下循环,通过调节水泵开启台数、方向、电机频率调节控制水体流速和流向。

局部造流则是利用潜水泵和高压水枪在水池局部形成不规则水流,通过调整潜水泵和高压水枪的数量和安装位置宏观改变局部造流的流速和方向。

中国近海海域的海流可分为两大系统:一是外来的黑潮暖流,二是海域内生成的沿岸流和季风漂流。黑潮主干流的平均宽度不足100n mile,其中主流宽度约20n mile。

根据中日黑潮联合调查资料,1990年主轴区域表层流速一般在0.45~1.45m/s,春季最大流速达1.49m/s,1991年为0.5~1.3m/s,最大流速出现在冬季,为1.35m/s。1992年春季最大流速为1.59m/s。通过局部造流可形成水面以下垂向1m、宽度10m的0.1~0.5m/s流速的非均匀扰流,及水面局部形成流速3.5m/s的不规则水流。

由于综合试验水池尺寸较大，整体造流造价及运行费用较大，且利用率较低，所以综合试验水池宜应用局部造流方式，形成水面以下垂向2m、宽度6m的0.1～0.5m/s流速的非均匀扰流，及水面局部形成流速3.5m/s的不规则水流。

4.2.7 投油条件

投油装置是溢油回收设备性能试验的重要组成部分，其安装于拖曳拖车上，在设备性能试验过程中，投油装置在设备前方喷洒试验用油，利用围油栏形成一个溢油试验区域。

投油装置主要由机架、输油泵、流量计、减速机、防爆电机、电控箱、阀门、连接软管和喷头等组成。输油泵选用输送介质黏度可到10^6cst的弹性橡胶凸轮转子泵，流量计选用带数显及远控输出的、适合高黏度介质的防爆靶式流量计。减速电机选用带减速机的防爆变频调速电机。电控箱为防爆式，内装变频器等，连接软管为液压胶管。

减速电机驱动输油泵，将油通过3个喷头喷射到水池试验区域中，流量计显示油的瞬时流量和累积流量；通过蝶形阀Ⅰ、蝶形阀Ⅱ、蝶形阀Ⅲ可选择使用1个喷头或2个喷头或3个喷头，通过蝶形阀Ⅳ，可以手动控制投油速率，采用电控箱控制电机的运转。投油装置的工作原理如图4.2-1所示，其外形如图4.2-2所示。主要技术参数如下：

(1)最大输油速率　0.5m^3/min

(2)防爆变频调速电机　5.5kW

(3)减速比　5

(4)电机级数　4级

(5)电机额定输出转速　290r/m

(6)输送油黏度范围　1～10^6cst

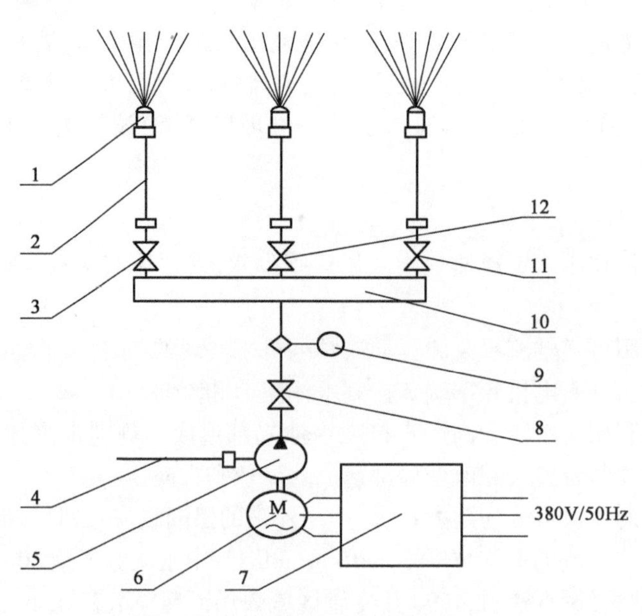

图4.2-1　投放系统工作原理

1-喷头(与连接软管可拆卸)；2-连接软管；3-蝶形阀Ⅰ；4-吸油软管(带快换接头)；5-输油泵；6-电机；7-电控箱；8-蝶形阀Ⅱ；9-流量计；10-集成管；11-蝶形阀Ⅲ；12-蝶形阀Ⅳ

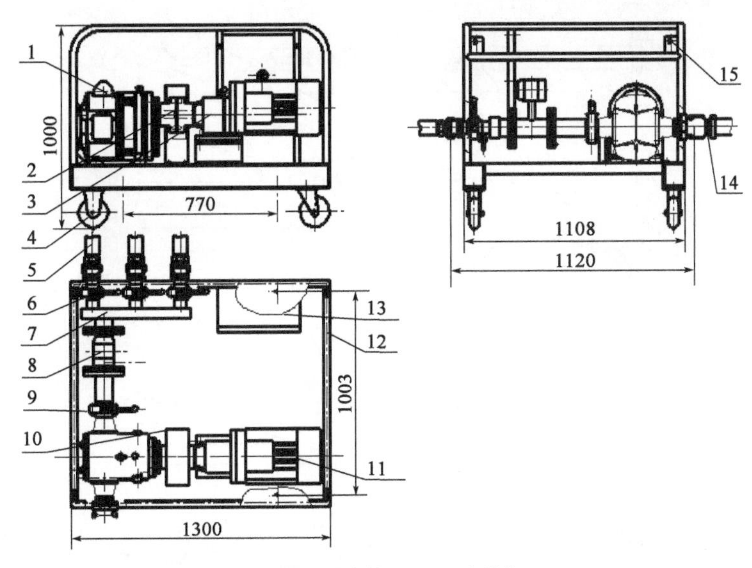

图4.2-2 投油系统外形图(尺寸单位:mm)

1-输油泵;2-联轴器;3-减速机;4-脚轮;5-喷射管组;6-蝶形阀Ⅰ、Ⅱ、Ⅲ;7-集成管;8-流量计;9-蝶形阀Ⅳ;10-联轴器护罩;11-防爆电机;12-机架;13-电控箱;14-吸油软管;15-吊耳

4.2.8 试验用油特性

根据ISO 21072-1《船舶与海洋技术海洋环境保护:撇油器性能试验 第1部分:移动水域条件》中试验用油特性的要求,收油机性能试验用油特性参数定义详见表4.2-2。

收油机试验用油特性参数定义表 表4.2-2

序号	油　品	黏度(cP)	黏度范围(cP)	密度(kg/L)	油膜厚度(mm)
1	原油、超轻燃油	10	5~20	0.85~0.9	10
2	轻质燃油	200	170~230	0.9~0.93	30~50
3	中质燃油	2000	1800~2200	0.92~0.95	50
4	重质燃油	20000	19000~21000	0.95~0.98	50
5	中质乳化燃油	20000	19000~21000①	0.95~0.98	50
6②	重质乳化燃油	100000	90000~110000①	0.95~0.98	100

注:①10 s^{-1}剪切速率;
②±10%的变化范围内。

表4.2-2中试验用油的特性参数主要包括油品、动力黏度、黏度范围、密度范围及油膜厚度。在收油机的性能试验过程中,油品、动力黏度、黏度范围、密度范围是便于调节的参数,而收油机性能试验油膜区域的油膜厚度却是较难形成和保证的。根据ISO 21072-1标准可知,在一定的试验用油黏度和密度条件下,试验过程中油膜区域的油膜长度和厚度呈线性正比关系,如图4.2-3所示。

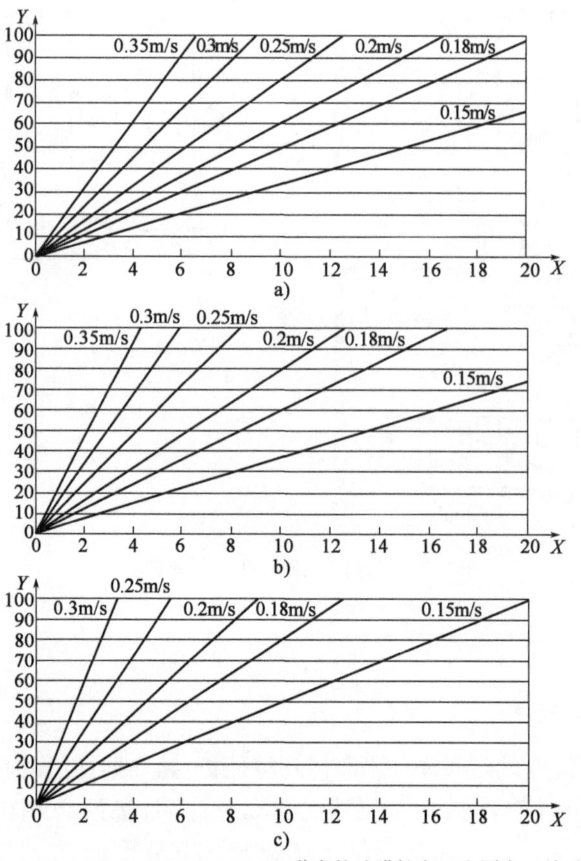

4.2-3　200cP、2000cP、10000cP 黏度的油膜长度 X 和厚度 Y 关系

a) 200cP 黏度；b) 2000cP 黏度；c) 10000cP 黏度

为获得试验所需油膜厚度，可按照下列步骤实施：

(1)选取特定黏度的试验用油；

(2)根据图 4.2-3 油膜长度与厚度关系和已定油膜厚度，选取合适的水流流速和油膜长度；

(3)根据油膜长度、厚度、水池宽度三者之积，计算投油量；

(4)形成确定水流流速，实时试验油膜长度和厚度，调节投油量，直至达到试验所需的油膜厚度。

4.2.9　试验步骤

针对收油机的性能试验，先向试验水池内注满试验用水，在池内局部水面，用围油栏形成一定形状的封闭区域或半封闭区域，向试验区域里投入定量的试验用油，后用吊装及搬运装置将收油机吊于试验区域，针对下行带式收油机性能试验，拖曳系统可使收油机及围油栏在池面上以一定速度运动，最后利用试验设备对收油机性能数据进行测试；试验完毕后，将收油机及围油栏吊出水池，放置于设备准备场地进行必要的油污清理。

具体试验步骤如下：

(1)按照表 4.2-2 收油机试验用油特性参数要求，准备足够量的试验用油；

(2)根据试验特定要求,在水池内安装围油栏,以形成一定的试验区域;

(3)吊装收油机于试验区域,但要确保收油机运作时不会与水池池壁和围油栏相接触;

(4)形成一定波高的稳定波浪(如果针对收油机开展静态试验时,此步骤不实施);

(5)利用投油装置向试验区域进行投油,实时调节投油量,确保试验区域形成稳定的油膜厚度;

(6)启动收油机,调节收油机至预定控制参数(如输油泵的额定转速运转、收油带的额定转速等);

(7)输油泵不断从收油机的集油井中泵出油水混合物,至稳定状态后,输送油水混合物至测量罐,并记录测量开始时间;

(8)在试验过程中,监测和控制油膜厚度和收油机控制参数,记录试验过程中试验条件的任何变化;

(9)针对下行带式收油机,拖曳速度为1.5m/s,试验时间为60s,而针对其他种类无须拖曳试验的收油机,则试验时间见表4.2-3;

(10)试验结束,输送油水混合物至油水混合物罐中,记录测量结束时间;

(11)停止所有设备运行;

(12)保持油水混合物在测量罐中静置至少12h,以确保油水重力分层;

(13)记录测量罐中油水总量 Q、水相量和油相量 Q';

(14)选取至少三份油相量样本,进行油相量水分含量(η_1)分析,并进行试验用油的水分含量(η_2)分析;

(15)试验三次,取三次分析结果的平均值;

(16)将收油机及围油栏吊出水池,放置于设备准备场地进行必要的油污清理。

无须拖曳试验的收油机的试验时间　　表4.2-3

回收速率(m^3/h)	最小试验时间(min)	回收速率(m^3/h)	最小试验时间(min)
5	6	100	1
10	3	150	1
20	1.5	200	1
50	1	300	1

在收油机性能试验中,还需配套辅助测试系统,包括:波高仪、超声水位仪、压力仪、流速仪、风速仪、流量计、溢油浓度分析仪、动力系统、吊装及搬运装置、测试车、主车、溢油投放系统等。

收油机回收速率、回收效率试验设备布置如图4.2-4所示。

4.2.10　试验结果分析

(1)回收速率(FRR)

计算方法如式(4.2-2)所示。

$$v = Q/t \tag{4.2-2}$$

式中:v——回收速率(m^3/h);

Q——测量罐中的油水混合物(m^3);

t——试验时间(h)。

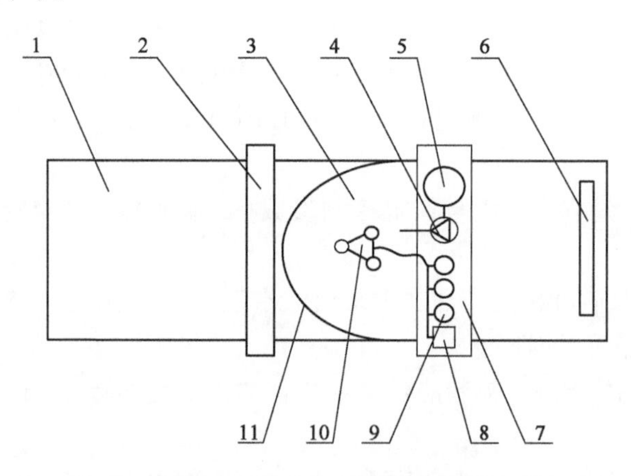

图 4.2-4 收油机回收速率、回收效率试验设备布置

1-试验水池;2-辅助拖车;3-试验区域;4-投油装置;5-投油罐;6-造波系统;7-拖曳拖车;8-油水混合物罐;9-测量罐;10-被检收油机;11-围油栏

(2)回收效率(ORE)

计算方法如式(4.2-3)所示。

$$\eta = \frac{Q'(1-EF)}{Q} \times 100\% \tag{4.2-3}$$

式中:η——回收效率(%);

Q'——油相量的体积(m^3);

EF——乳化率,$EF = \eta_1 - \eta_2$(%)。

试验三次,最大值与最小值之差不得超过最小值的 20%,并取三次的平均值。

4.3 围油栏围控性能试验

4.3.1 试验目的

围油栏围控性能试验的目的是在一定的试验环境条件下,测试围油栏对污染物的围控性能,即测试在不同环境条件、不同流速和波浪,围油栏对溢油的围控能力,重点测试围油栏浸没(指围油栏被水淹没而导致围控失败)、水面溢油在不同拖拽速度、不同浪高和波长下的逃逸状况。

4.3.2 测试设施与设备

根据我国相关法律法规对环境质量的要求,不能在河流、湖泊和海洋中施放真油,开展溢油围控等相关试验,因此需要在具造流造浪功能的试验水池开展试验,且该水池的尺寸至少能满足围油栏 U 形布放的要求。该试验水池上配有一个可移动式工作桥,拖拽待测试装置沿水池长度方向通过水面。水池的一端(侧)或两端(侧),可以安装造流和造浪机。水池还应配有向水面精确供应和回收油品的装置,以及清洗装置,水流、浪、温度等实时测试和分析设备。

用于测试的围油栏须以 U 形布放,开口大小为其长度的 33%;或开口长度比为 1∶3。

围油栏两端的拖头由生产厂家提供,拖头上有拖拽点。在围油栏的每一端,拖拽装置应连接到拖头处进行拖拽,也可以单点拖拽。

测试油品可以是原油、成品油或替代油品,在同一个测试过程中应使用相同的油品。测试油品的温度应与测试水池温度尽量保持一致,减少测试过程中测试油品因水温变化而导致属性发生变化。测试油品应直接泵至围油栏的顶点处。

4.3.3　测试前的准备工作

(1)利用叉车或运输车辆将待测试围油栏从试验场地外搬运至设备装卸区域。

(2)待测试围油栏的产品检测,并根据厂家提供的参数记录待测试围油栏数据,包括围油栏的形式、长度、高度、干舷、吃水、单节围油栏的重量、配重、连接设施、总浮力、浮重比、端接头型式、抗拉部件数量及位置、锚点、栏灯、拖头等。

(3)检查试验水池的拖拽设备,以及监测、控制设备等。

(4)记录试验场地的环境数据,包括风速,风向,空气湿度,气温和测试水池的水温等。

(5)检查测试油品和加油设施,记录测试油品的数据。主要包括油品的类型、黏度、密度、油/空气界面张力、油/水气界面张力、倾点等。

4.3.4　受试围油栏布放

(1)在测试围油栏的两端系上连接绳,并将其拉到水池两侧,以便将围油栏与拖拽设备连接起来。

(2)通过轻型轮胎式龙门起重机或是轨道式龙门起重机,将围油栏放入水池中,在投放过程中,通过连接绳控制围油栏的布放方向,一般呈U形布放,如图4.3-1所示。

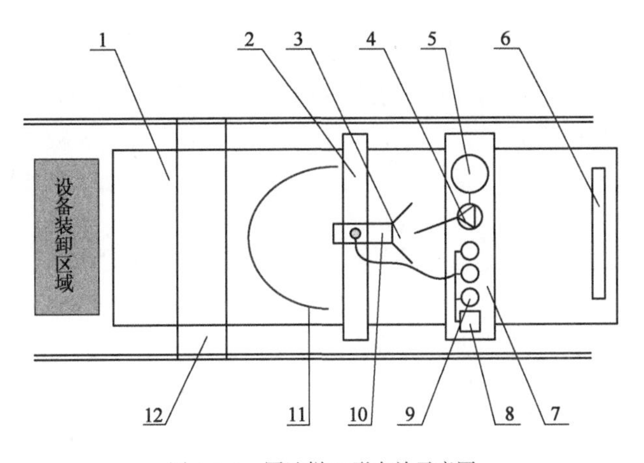

图4.3-1　围油栏U形布放示意图

1-试验水池;2-辅助拖车;3-试验区域;4-投油装置;5-投油罐;6-造波系统;7-拖曳拖车;8-油水混合物罐;9-测量罐;10-被检收油机;11-围油栏;12-起重机

(3)将围油栏通过连接绳固定在拖拽设施上。

(4)围油栏呈U形布放时,开口大小为其长度的33%(或开口长度比为1∶3),且确保在围油栏U的顶点处无连接装置,为此,测试使用围油栏的节数为奇数,可避免顶点有连接装置的问题。即在开展溢油应急或围油栏测试时,使用围油栏的节数为1、3、5等。

4.3.5 测试原理

围油栏的主要功能是围堵和集中油类。围控性能的主要体现于以下方面：

(1)防止或减少油类从干舷逃逸，主要表现为飞溅或大量漫过，见图4.3-2d)和e)；

(2)防止油类从围油栏下面逃逸，主要表现为夹带、大量逃逸、临界厚度时的逃逸、排放失灵等，见图4.3-2a)、b)、c)。

(3)由于水流速度和风速等的影响，造成围油栏平倒，会导致大量溢油从围油栏上下流过，围控性能完全丧失，见图4.3-2f)。

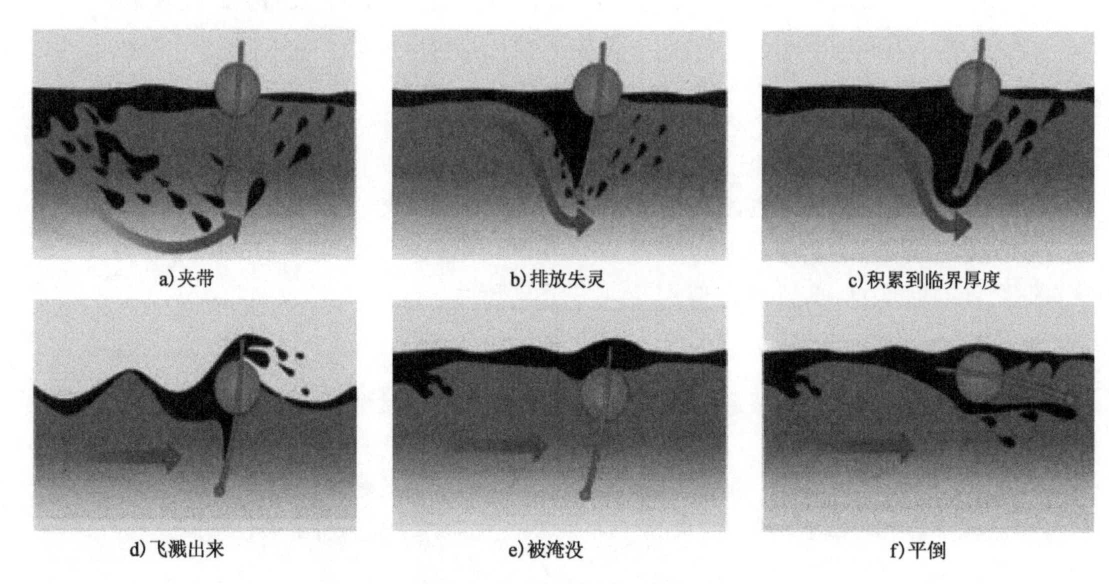

a)夹带　b)排放失灵　c)积累到临界厚度

d)飞溅出来　e)被淹没　f)平倒

图4.3-2　围油栏性能原理图

围油栏围控性能的测试目的：测试围油栏在不同环境条件下(水流速度、浪高、风速、水温、气温)针对不同油品的围控性能。受环境保护要求的限制，除少数国家外，世界上包括我国来内多数国家都禁止在海洋和河流中开展溢油相关试验。因此，通过实验环境测试围油栏的围控性能是唯一可行的环境友好的试验方法。

由于拟建试验水池无造流设施，通过拖拽速度替代水流流速，所以在测试过程中，拖拽速度和波浪为受控变量，而风速、水温、气温、油品特性等基本参数，均为常数。

受控条件下的性能测试重点是，在特定拖拽速度和波浪环境下，观察围油栏的围控性能。即通过观察围油栏在不同拖拽速度和波浪条件下，油品从围油栏下方逃逸情况，包括初始逃逸(观察到有少量油品从围油栏下方逃逸)、大量逃逸(大量油品从围油栏下方逃逸)，淹没或平倒(围控失效)、飞溅等。

其他条件不变的情况下，拖拽围油栏，油品初始逃逸拖拽速度越小的围油栏，其围控性能越差，速度越高，其围控性能越好。基于这种认识，可通过初始逃逸拖拽速度、大量逃逸拖拽速度，淹没或平倒拖拽速度，来表示围油栏围控性能的好与差。

4.3.6 试验步骤

1)空载运行测试

测试开始时，首先应进行空载运行，以确保设备安装正常及所有的数据采集仪表正常运行。

2)测试油品预加量的测试

当围油栏U形围控范围内油品的量达到临界厚度时,油品就开始从围油栏下方逃逸,出现围控失灵。因此,在测试围油栏围控性能时,初始添加的测试油品的量要低于临界厚度时的量。一般来说,围油栏U形围控范围内油品的量与初始逃逸速度之间呈负相关关系,即:随着初始添加测试油品量的增加,初始逃逸速度呈降低趋势。

另外,不同类型的围油栏,其初始逃逸速度与U形围控范围内测试油品的添加量之间的关系曲线不一样。为准确测试围油栏的初始逃逸拖拽速度、大量逃逸拖拽速度,需要知道测试围油栏的U形围控范围内油品的添加量与初始逃逸速度之间的关系,预先估算测试油品的添加量,确保能够测试出初始逃逸拖拽速度、大量逃逸拖拽速度和围控失效时的拖拽速度。

油品预加量的测试可在静水环境下通过一系列的初始逃逸测试来确定。图4.3-3是某种油品预加量与其初始逃逸拖拽速度之间的关系曲线。

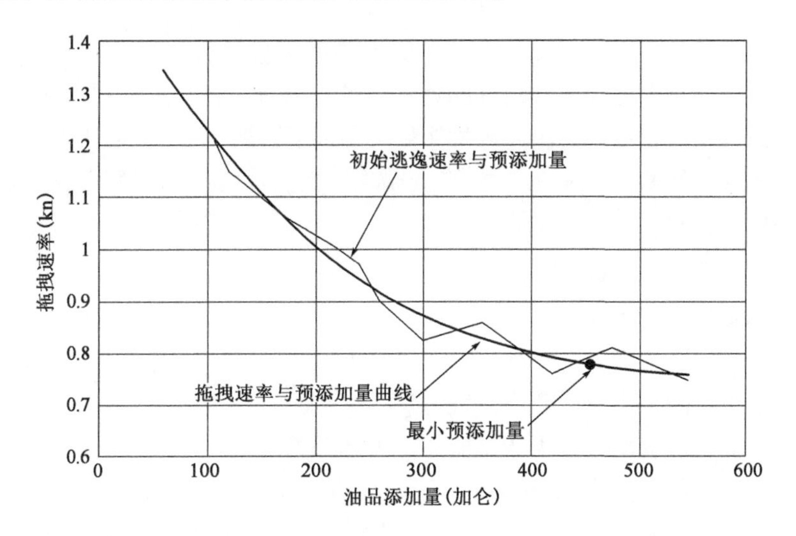

图4.3-3　某种油品预加量与其初始逃逸拖拽速度之间的关系曲线

3)围控性能测试

(1)波高测试

围油栏的围控性能应在不同波浪环境下分别测试,可根据实验室造波设施的具体性能,来确定规则波和不规则波的不同波高。例如,美国Ohmsett试验水池分三种波高开展围油栏围控性能测试,具体波高如下:

a.波浪#1:正弦波$H_{1/3}$为0.30m(12.0″),波长4.27m(14.0′),平均周期为$t=1.7$s。

b.波浪#2:正弦波$H_{1/3}$为0.42m(16.5″),波长为12.8m(42.0′),平均周期为$t=2.9$s。

c.波浪#3:平均$H_{1/3}$为0.38m(15″)的harbor chop情况。这也可以定义为允许有反射波发生时的混乱海况。该情况下无波长可计算。

(2)初始逃逸的拖拽速度测定

从存储槽中泵送试验油品的预加量到围油栏的最高点。

先将围油栏的拖拽速度加速到一定速度并保持,以便围油栏与测试流体处于稳定状态。之后按照相同增速拖拽围油栏,直到可观察到连续的油品逃逸情况出现时,记录拖拽速度。

应在静水及不同的波浪条件下进行初始逃逸拖拽速度的测量。

如果试验过程无失误,每种波浪环境下可只做一次测试,如果试验过程有失误,则需要重做测试。

(3)大量逃逸时的拖拽速度测试

出现初始逃逸现象后,应继续增加拖拽速度,直至出现大量油品逃逸的情况,记录拖拽速度。

(4)临界拖拽速度测试

应继续增加拖曳速度,直至围油栏完全失去围控性能,此时为临界拖拽速度。

4.4 溢油分散剂性能试验

4.4.1 试验目标

采用溢油分散剂处理海上溢油是重要的海上溢油应急处置方式之一。实践表明,溢油分散剂对水面溢油和水下溢油具有良好的处置效果。然而,油、水混合物以及溢油分散剂本身,均具有一定的毒性,会对水生生态环境产生次生危害。所以,在溢油应急与处置过程中,非常必要高度重视合理地使用溢油分散剂,在最大程度回收溢油的基础上,尽可能减少水体中过多的分散溢油以及分散剂用量。

4.4.2 国内外试验方法分析

为了合理准确地评定溢油分散剂对水面和水下溢油的使用效果,需要好的试验方法来支持,从这个角度看,选择适宜的试验方法极为重要。多年以来,国内外相关研究人员在相关试验方面做了大量的工作,取得了显著的成果。

有关水面溢油分散剂使用效果的试验方法大体分为两类:一是室内测试法;二是波浪槽试验法。由于研究时段的局限性,相关的试验方法并不统一,各种试验方法都存在着各自的优点及缺陷,采用某一种独立的试验方法尚不能解决对试验的全部需求。本研究在参考国内外相关试验文献基础上,结合实践经验,对各试验方法进行评述,并提出合理的试验方法。

1)水面试验方法

(1)室内测试法

在众多用于评价和检测溢油分散剂性能的指标中,最主要的指标是分散率和生物毒性。对于分散剂的物理化学性能和生物毒性检验方法,国际上已开展了广泛的研究,不同国家依据自身的实际情况,提出和发展了多种评价方法和检测标准。

a. 分散率评价方法

溢油分散剂的分散率包括静置 30s 和静置 10min 二项指标,前者表示瞬间乳化能力,后者表示乳化稳定性。在处理溢油中,分散剂的分散率是其选用时首先要考虑的因素。一般来说,如果一种分散剂的乳化分散效率不好,其他指标再佳,该种分散剂也不能使用。

国际上曾报道过近 50 多种分散率的测定方法。尽管实验室测定分散率的方法很多,其设计和方法差别很大,但是总的目标都是一致的,那就是尽最大可能真实地模拟溢油在海上的自然运动状况。

分散剂的室内分散率测试方法各有其优缺点，其中较著名的有加拿大的MNS(Mackay Nadeau Steekman)法、英国的WSL(Warren Springs)法和美国 的SFT (Swirling Flask Test)法。我国目前检测分散剂性能的国家标准方法与WSL法大体相似，即：采用250mL分液漏斗作为简单仪器的往复振荡法。由于影响分散剂分散率的因素极其复杂，因此各种方法的评价结果都存在一定局限性。

曹立新等将国际上常用的几种检测方法与我国国家标准方法进行了比较，见表4.4-1。

分散剂效能检测方法的比较　　表4.4-1

检测方法	MNS法	IFP法	WSL法	SF法	EXDET法	CB 18188—2000
能量来源	高速气流	震荡环	旋转容器	震荡台	腕部旋转	腕部旋转
能量水平	3	1~2	2	1~2	1~3	1~3
水体积(ml)	6000	4000~50000	250	120	250	50
油水比	1：600	1：1000	1：50	1：1200	变化的	1：50
分散剂加入方式	滴加/事先混合	滴加	滴加	滴加/事先混合	滴加/事先混合	滴加
沉降时间(min)	无	无	1	10	无	0.5,10
复杂程度	3	2	1	1	1	1
采用国家或公司	加拿大	法国、挪威	英国、挪威	美国	美国Exxon公司	中国

注：①能量水平：0表示没有，4表示最高。
②复杂程度：1表示最低，4表示最高。

b.乳化分散能力评价方法

关于溢油分散剂的乳化分散能力，国际上尚未建立统一有效的评价方法。

资料表明，在采用SFT法测定分散剂分散率时，受试验瓶、操作人员和仪器检出限等因素影响会出现严重误差，不能真实地反映分散剂在处理海上溢油时的使用效率。为此，美国环保局(EPA)建立了新方法，即BFT法(Baffled Flask Test)，并作为纳入美国国家应急计划(National Contingency Plan，NCP)产品目录的溢油分散剂产品的标准测定方法。EPA NCP产品目录的溢油分散剂产品在室内使用BFT法评价其对Prudhoe Bay和South Louisiana原油的分散率，并要求该项指标至少大于45%(50±5%)。

需要注意的是，尽管在测试原理上，我国国标同BFT方法是一致的，但在分析测试步骤上，我国现行的测试方法与BFT方法还存在着一些差异。可以看出，我国国标选择的反应容器为分液漏斗，与BFT方法中底部带凹槽及分支结构的反应容器相比，分液漏斗形状较规则，混合过程中容器对液体提供的混合能量是有限的。从混合方式上看，BFT方法利用的是摇床在规定条件下(200r/min，工作轨道直径2cm)进行的机械混合，可以有效地避免由于实验人员人为原因引入的误差。从海水、原油、溢油分散剂的混合比例来看，我国采用的测试方法中油水比例(OWR)高于BFT方法。相关研究表明，油水比例在1：1000~1：12000的区间内，测试结果是相对稳定的，当油水比例过高时(小于1：500时)，实验结果误差较大。因为反应容器的空间是有限的，水体中乳化油颗粒越多，其碰撞频率就越大，小油滴聚集后会重新上浮至水面，影响测试结果的准确性。从反应时间上看，我国采用的测试方法中规定的反应时间也少于BFT测试方法。

多次研究结果表明,BFT 法在测定分散剂分散率时具有较高的重现性和精确性,能最大可能地真实反映出自然海况下油与分散剂混合和分散的作用过程,其对分散率测定的稳定性已在国际上得到认可。因此本研究拟采用 BFT 法作为溢油分散剂分散率的测定方法。

c. 生物毒性评价方法

目前,溢油分散剂虽然是清除油污的常用手段措施之一,但被分散的溢油导致水体中油含量剧增,造成对水生生物的毒性,加之一些分散剂本身具有一定的毒性,会造成明显的二次污染。因此有关分散剂在现场处理溢油时可能造成的毒性或危害一直令人担忧。我国常用半致死时间(TLM)、半致死浓度(LC_{50})或半有效抑制浓度(EC_{50})等参数,通过室内毒性试验来评价溢油分散剂对生物的急性毒性效应,也可采用安全浓度 $LC_{50} \times 0.1$ 指标来评价毒性。同时,我国颁布了相关国家标准和行业标准,规定用虾虎鱼或者斑马鱼的成鱼作为溢油分散剂的生物毒性测试受试生物,并针对分散剂的毒性提出了判断标准,即:常规型分散剂对成鱼 24h-LC_{50}为 3000 mg/L 浓度下 TLM > 24h;浓缩型分散剂对成鱼 24h-LC_{50}为 600mg/L 浓度下 TLM > 24h。受试溢油分散剂经过相关部门的审查,满足以上毒性限值或符合以上标准,才可认为对成鱼的毒性很小,可以成为我国溢油分散剂的认可产品。

我国有多种溢油分散剂已投入现场实际应用,但关于这些分散剂对我国海洋生物毒性效应的研究很少,且分散剂及其乳状液对生态环境的直接危害与潜在影响研究也不够充分。韩方园、杨开亮等人通过对斑马鱼的急性毒性研究表明,3 种分散剂 GM-2、JDF-2 和 UNITOR 对斑马鱼的 96h 半致死浓度(96h-LC_{50})分别为 11.82g/L、50.35mg/L、2.34g/L。王颖、孙丽萍等人对分布于食物链两个层次的 4 种水生动物的急性毒性试验表明,GM-2 分散剂对它们的敏感性大小顺序为蒙古裸腹溞(Moina monggollic)I 龄幼体 > 裸项栉虾虎鱼(Ctenogobius-gymnauchen)仔鱼 > 卤虫(Artemia)幼体 > 南美白对虾(Litopenaeus vannamei)仔虾。杨波、关敏等人研究了 6 种溢油分散剂对 4 种生物的急性毒性效应影响,其中,对阿匍虾虎鱼(Aboma-lactipes)的毒性大小顺序为:Correxit 9527 > Nalfleet 9010 > 碧浪宁 868 > 奥妙能 > Gamlen > 双象 I 号。程树军等人通过分散剂对水生生物的毒性比较提出,4 种生物对双象 I 号分散剂的敏感顺序为:斑节对虾(Penaeus monodon)仔虾 > 红剑鱼(Xiphophorushelleri) > 罗氏沼虾(Macrobrachiumrosenbergii)仔虾 > 裸项栉虾虎鱼(Ctenogobius gymnauchen)。

英国溢油分散剂对海洋生物毒性测试试验方案是英国农业、渔业和食品部《渔业研究技术 102 号报告》中批准溢油处理产品程序,选择使用褐虾(Crangon crangon)做海洋物种测试试验生物,目的是比较油和溢油分散剂的混合物与单纯油的毒性,使用普通的欧洲帽贝(Patella vulgata)做岩石海岸物种测试试验生物,目的是比较溢油分散剂与单纯油的毒性。

以上数据和许多研究表明,同种溢油分散剂对海洋生物毒性影响的差别很大,同一受试生物对不同分散剂的敏感性也存在很大差异。由此分析,我国相关标准将虾虎鱼或斑马鱼成鱼作为生物毒性的受试物种较为单一,存在一定的局限性。由于野生捕捞的虾虎鱼来源不稳定,品种混杂,质量不可控,会影响试验的准确性及重复性;淡水生物斑马鱼尽管可以弥补以上不足,但也存在淡水与海水理化性质差异、淡水与海水生物生理差别的局限性,从而影响到实验生物的敏感性。鉴于海洋生物的多样性和水文条件的复杂性,为了合理评价和使用分散剂,有必要增加分散剂对海洋生物的毒性试验受试物种,并从不同方法、多种生物和指标等方面开展研究,为分散剂的使用提供安全保障,且能为海洋环境质量管理提供客观真实和全面系统的参考依据。

(2)波浪槽试验法

张秀芝等利用波浪槽(长25m、宽0.6m、高1.2m)进行了溢油分散剂效果的水面试验。在调节波长和波周期的波浪条件下,选用一种溢油分散剂和一种原油油样进行试验,定时将油样取出测试黏度、水含量和乳化率。

赵云英等利用波浪槽(长15m、宽1.0m、工作水深0.5m)进行溢油分散剂水面试验。在铺设不同厚度油膜及变换波数条件下,按照20%比例喷洒溢油分散剂,采用自制"抽气式"取样器在不同水层取得油水样品,送往实验室测定油含量,计算乳化率。

Li Zhengkai 等利用波浪槽(长16m、宽0.6m、高2m)进行了溢油分散剂水面试验。调节造波机以产生不同波高和波长的非破碎波和破碎波,用1∶25的剂油比向水面上的原油油样喷洒溢油分散剂,分别在5、30、60、120min时刻在水槽的不同位置采水样,采用二氯甲烷萃取–紫外可见比色分析法测定水样中油含量,计算乳化率,采用LISST-100X激光粒度仪测定水体中的油滴粒径。在此基础上,在长32m、宽0.6m、高2m,工作水深1.5m的波浪槽条件下,以及在波浪槽两端开孔的不同波浪及水流条件下,用1∶25的剂油比向水面上的原油油样喷洒溢油分散剂,分别在2、5、15、30和60min时刻在水槽的不同位置取水样,进行测量分析。

Ken Trudel 等利用大型波浪槽(长203m、宽20m、深3.3m)进行溢油分散剂水面试验。在每次试验前,调节造波机的造波波长和波高,加入大约75L的原油,共进行了一种溢油分散剂对15种原油的分散效果试验。乳化率的测定采用取浮油的方法进行,即试验过后,仔细捞取水面上及池壁上的油,称重,然后再根据油样的初始加入量来计算最后的水体中的油量,由此计算出乳化率。

Alun Lewis 等利用大型波浪槽(长203m、宽20m、深3.3m)进行溢油分散剂水面试验。在平静水面下,将40L和100L原油油样与溢油分散剂混合,然后放到一个直径5m圆形的一定孔径的网上,再放到水槽的水面上。每次经过6d的浸泡试验。定期取油样然后回实验室用摇瓶法测试乳化率。试验期间用相机拍照以进行油的视觉评估。同时,测定水体中油滴的粒径。

2)溢油分散剂水下试验方法

Per Johan Brandvik 等的试验装置是一个直径3m、高6m的圆柱形试验水槽,水槽底部设有注油嘴和溢油分散剂喷嘴。油样最大流速1.5L/min。油温用热交换器控制在10~95℃。试验时,溢油分散剂分别从输油管道和喷嘴上部注射,以油滴粒径作为测试指标,应用激光粒度仪、原位显微高速相机、在线粒子视觉显微镜(PVM)同时测定油滴的粒径。

安伟等人发明一种水下溢油模拟试验装置及其操作方法,包括试验水槽、水下注油单元轨道、水下注油单元和电控柜,试验水槽内底部注油喷嘴等,电控柜分别与试验水配制水槽、试验水槽和水下注油单元电连接,集试验水配制和多种变化的注油条件等功能于一体,并配有PLC控制系统,能够更为近似地模拟出水下溢油的实际状况,为水下溢油的预测和处置提供试验装置及方法,获得了发明专利授权(CN201510043630.1)。在此基础上,还获得了溢油试验用消油剂喷注喷洒装置的实用新型专利授权(CN201610650118.8),包括电控柜、消油剂储罐、齿轮泵、脉动阻尼器和齿轮流量计,可精确地对水下溢油和水面溢油进行消油剂的喷注和喷洒,为实际溢油过程中水下消油剂的喷注和水面消油剂的喷洒操作参数的获得提供试验装置及方法。

4.4.3 试验方法建立原则分析

1)试验装置

前述的溢油分散剂水面试验装置大多是采用波浪槽造波形式,在外观形式上与实际海洋中的波浪相似,其最终的试验结果也将与实际海洋中的实际结果相同或相似,是目前溢油分散剂水面试验所应采纳的模拟形式。更多的有实用价值的试验装置只能在不断实践的基础上逐步完善。虽然上述各溢油分散剂水面试验的试验装置形式基本相同,但其规模有大有小,并且水槽的长、宽和高的比例不一致,没有可供参照的统一模式。

进行实验室模拟试验的主要目的就是要将实验室的研究结果与实际水域中的应有结果相关联。为此,必须要满足两方面的条件:

(1)形式上相同或相似;

(2)在相似基础上,还需要知道具体相似程度。

首先,相似的程度与水槽的尺度及环境条件模拟的比例相关。但到目前为止,人们还没有能够确定出水面溢油及溢油分散剂处理水面溢油过程中试验装置与现实海洋中的相似程度。这是因为,传统的水工试验装置之所以能确定出试验装置(模型)与实际环境(原型)之间的相似程度,是因为有“相似理论”的支持。但传统的“相似理论”实际上是在假设受力物体小形变基础上建立的,即要保持几何相似。而由于水面溢油在受力过程中都是大形变,所以传统的“相似理论”并不能作为水面溢油的试验理论来应用。在这种情况下,就无法评价出实际现有的试验装置规模与实际环境的相似程度。在这里,试验装置的规模大小并不重要。

面对这种现实情况,实用的做法应该是,首先利用小规模波浪水槽(具有可变条件、多功能实施可行、条件控制精确、经济负担小、试验周期短等特点),进行小规模波浪水槽试验,总结出影响因素条件与处置方式之间的基本规律及各影响因子对处置方式之间的影响程度,建立相应的数学模型;在此基础上,逐级进行大水槽专项试验或进行现场调查,修改模型参数,以达到逐步逼近真实环境状况的目的。从长远来看,必须在理论上有所突破,即在不断实践的基础上,进行各种机理的探索,建立相应的试验研究理论,最终科学地提高实验室的模拟能力。

2)试验方案设计

从目前的研究现状来看,除 Li Zhengkai 等外,其他的研究者并未对“试验设计”有所重视,试验方案是随意的。实际上,“试验设计”对一个试验研究者来说是十分重要的。一个优秀的试验方案设计,可以科学快速地得出试验过程中应有的规律性,并能实现量化,从而能够建立相应的数学模型。试验设计中的因素选择应该选取对试验结果有重要影响的因素。虽然 Li Zhengkai 等在相应的工作中进行过试验设计,但在影响因素的选择上有所缺失,比如温度条件未被选定。这可能与试验水槽太大,无法进行温控有关,但还应该进行不同季节温度下的补充试验。

在进行试验前,首先应确定对试验结果有显著影响的影响因素,然后按照“试验设计”理论进行试验设计,完成试验,总结规律,最终建立数学模型。

3）评定指标、取样及测试方法

从国内研究工作来看，溢油分散剂水面试验的评定指标只有一项，即乳化率。而国外研究所重视的评定指标有两项：乳化率和油滴粒径。在某种程度上，重视油滴粒径的程度要高于乳化率。溢油分散剂水下试验的评定指标仅有油滴粒径一项，但都缺少溢油分散剂残存量一项。

张秀芝等的取样方式只代表水面原油风化过程中不同时刻所能被溢油分散剂处理的可能性有多大；其他研究者取样方式表现为比较重视试验条件下的乳化率或各水层间油的含量。Ken Trudel 等和 Don Aurand 等主要取的是水面上的浮油，再根据加入油的量计算出水体中的量，最终计算出实际乳化率。溢油分散剂水下试验采取的是在线检测。

国内的研究者对乳化率的测定主要依据是《溢油分散剂　第1部分：技术条件》（GB/T 18188.1—2021）中附录的测试方法，这是一种三氯甲烷萃取—可见分光光度法；国外研究者中除 Ken Trudel 等和 Don Aurand 等外，所采用的是二氯甲烷萃取—紫外可见分光光度法。而 Ken Trudel 等和 Don Aurand 等由于取得是水面浮油，所采取的测试方法是干燥称重法。水中油滴粒径主要是采用在线的 LISST-100X 激光粒度仪、在线的显微高速相机及在线的 PVM 测定。对于国外相关研究者中采用的二氯甲烷萃取—紫外可见分光光度法测定油水中油含量的测试方法，由于紫外分光光度法会检测出水体中的表面活性剂，所以在实际检测中会产生正误差。有相应的其他专业的研究工作可以证实这一点。Ken Trudel 等和 Don Aurand 等采取的取水面浮油然后干燥称重的方法未考虑到对浮油干燥过程中的油的挥发及操作损耗，会对试验结果产生负误差。溢油分散剂水面试验中所用的激光粒度仪由于只能处于水槽中的某一固定位置，在这种情况下其测试结果只能代表某一点的油滴粒径。如要用这点的结果来描述整个水槽中的实际结果，其前提必须是整个水槽中油滴分布均匀。溢油分散剂水下试验虽然用了三种测试仪器来测定油滴粒径，但其只能对小油滴进行测定。水下溢油过程中小油滴产生的前提是原油从水底雾化喷出或溢油分散剂能完美地将溢油乳化成小油滴，但这两种情况在实际中可能只是个例。

4）小结

在目前的认知能力下，溢油分散剂水面试验应设置乳化率、油滴粒径、溢油分散剂残存量和生物毒性（生物急性毒性和可生物降解性）为检测指标。乳化率测定应采用多点采取水样的方式，油滴粒径的测试应采取多点外部高速相机在线检测，但应确保油滴在水槽试验段水体中混合较均匀。溢油分散剂水下试验应设置油滴粒径、溢油分散剂残存量和生物毒性（生物急性毒性和可生物降解性）为检测指标，油滴粒径的测试应采取多台高速相机在线检测，以保证大小粒径的油滴都能被检测到。目前还没有相应的溢油分散剂残存量的检测方法依据，应注重该方法的建立。

4.4.4　溢油分散剂试验方法、方案

溢油分散剂试验方法包括水面试验方法和水下试验方法。水面试验方法主要指标有乳化率、油滴粒径及急性生物毒性、生物降解性；水下试验方法主要指标有油滴粒径及急性生物毒性、生物降解性。

1）溢油分散剂性能测试试验装置

该波浪槽长120m，宽20m，工作水深1.5m。波浪槽一侧设置有造波机，另一侧设置消波

机。造波机通过电脑控制,可根据试验要求在波浪槽内产生不同类型的波浪,池壁不同水平、纵深位置设置取样点。通过测试不同时间水体中乳化油浓度的变化趋势,反映溢油分散剂的乳化性能、乳化油滴粒径通过设置在波浪槽内的原位激光粒度仪进行测量。

(1)造波系统

造波机同收油机试验。利用扫频技术生成破碎波,即两个不同频率的相叠加,导致波高增加直至破碎。

波浪类型对溢油分散剂能否最大限度地发挥其乳化、分散作用的影响是巨大的,波浪强度与乳化油颗粒粒径大小的关系也十分密切。Li 等在研究中发现,在规则波条件下,无论使用溢油分散剂与否,水体中乳化油颗粒均处在较高水平(400 ~ 450μm);在破碎波条件下,即使不使用溢油分散剂,短时间内水体中乳化油颗粒粒径显著下降(10min 下降至 200μm),有溢油分散剂作用的情况下,水体中乳化油颗粒粒径会继续下降(100 ~ 150μm)。

在不同波浪条件下,测试波浪槽表层水体中的乳化油浓度,规则波条件下表层水体中的乳化油浓度远远高于破碎波条件下的,证明破碎波更加有利于将溢油从水体表面带入水体中去,增加了水体中乳化油的浓度。Shaw 等也通过实验证明破碎波在溢油与溢油分散剂混合过程中扮演着一个重要的角色,它能够促进油层乳化分散到水体中。

破碎波的典型特征是,波峰前进方向的水平速度大于波的整体速度时,波浪造成的剪切速度促进了溢油分散剂与油的混合过程。破碎波可以生成微小尺度的湍流,这些很小的涡流却具有非常大的速度梯度,使油颗粒变形、拉伸,最终使大油颗粒破碎成小颗粒。

(2)消波系统及流模拟系统

消波系统有海绵消波和阻尼消波等,海绵消波主要消除频率高、波长小的波浪,且消波效果差,而阻尼消波主要消除频率低、波长大,且消波效果较好,由于试验试验中所造波波长较大,所以拟选用阻尼消波方式,其具有一定的斜坡坡度,波浪波长决定了阻尼消波装置的长度。

试验装置内设置有流模拟系统,同收油机试验。入流口在造波机一端,流出口在消波机一端。系统包括海水储罐,电动水泵,沉淀池,过滤系统,配水管、进水管、流量计、控制阀、调整旁路和出水管等组成。根据不同的造波条件,选取适宜的流速,抵消高频条件下波浪槽内产生与波前进方向相反的水下逆流对试验结果的影响。这种逆流的形成是前进波的斯托克斯表面漂移引起的。流模拟系统的设置,使波浪槽能够更加真实地模拟自然条件下被乳化分散的溢油在水体中的迁移、稀释过程。

(3)试验用油和溢油分散剂的选择

Trudel 等利用美国国家溢油应急测试机构的 Ohmsett 波浪槽进行了模拟条件下溢油分散剂黏度对乳化效果的限制试验,发现黏度位于 2500 ~ 18690cP 范围内的原油可以被溢油分散剂较好地乳化分散;而黏度位于 18690 ~ 33400cP 范围内的高黏度原油则限制了溢油分散剂的乳化分散作用。

Srinivasan 等利用 BFT 实验方法,针对 IFO180 及 IFO380 两种原油进行实验,发现在混合充分的条件下,16℃时乳化效率约为 5℃时的两倍。

Li 等利用波浪槽针对 IFO180 原油(重质)进行实验,在破碎波及溢油分散剂存在的条件下,高温条件下水体中乳化油浓度是低温条件下的几十倍甚至上百倍。反应温度 16℃、破碎波条件下，Corexit 9500 消油剂对 IFO180 的乳化效率可达 90%；SPC100 溢油分散剂的乳化率也达到 50% 左右（Corexit9500、SPC100 为美国 NCP 列出的产品；IFO180 油品的基本性质：15℃条件下比重 0.96、API 度 12.5℃、倾点 -9℃、闪点 75℃）。

用于试验研究的溢油分散剂在国家海事局认可的溢油分散剂产品名录中选择。

（4）投油系统

投油系统同收油试验。

（5）溢油分散剂喷洒装置

水面试验时，分散剂喷洒装置由拖曳系统带动，其参数、技术要求、性能要求符合 JT/T 865—2013；水下试验时，分散剂喷洒装置从输油管和喷油嘴上部注射。

（6）取样系统

波浪槽共设有 12 个取样点，4 组不锈钢采样器设置在波浪槽不同的水平位置，每个采样器并联 3 个不同纵深位置的注射器。样品收集后，经二氯甲烷萃取后测定吸光度，计算出样品中乳化油的浓度。

（7）油滴粒径测试系统

水体中乳化油颗粒粒径通过设置在波浪槽内的原位激光粒度仪 LISST-100X 进行测定，粒度仪垂直放置在原油喷洒位置的下游约 8cm，距水面 60cm 左右的位置。在整个试验过程中，粒度仪可自动测试水体中乳化油颗粒的粒径分布情况，测试范围为 2.5 ~ 500μm。此方法在墨西哥湾深水地平线溢油事故中也得到了应用，原位激光粒度仪的测试数据被应用于溢油处置过程中的环境影响评估以及乳化油归宿及迁移模型的验证中。

与实验室评价方法原理相同，波浪槽内溢油分散剂的乳化效果可以通过测定水体中乳化油浓度及油滴粒径分布来进行分析。在波浪槽内加入原油后，在原油表面喷洒溢油分散剂，打开造波装置，原油在波浪及溢油分散剂的乳化分散作用下，一部分被乳化分散成小的颗粒悬浮在水体中。随着时间的变化，水体中不同位置的乳化油浓度及颗粒粒径不断发生变化，最终趋于动态稳定。通过在波浪槽不同水平、纵深位置取样测试乳化油浓度及颗粒粒径来评价溢油分散剂对原油的乳化分散效果。改变不同的环境条件，通过以上两个指标考察不同环境条件对溢油分散剂乳化效果的影响。

2）溢油分散剂性能测试步骤

（1）对试验装置进行清洗，在试验装置内注入一定量试验用水，水深满足第 4.1.4 节（试验水池尺度及模拟波浪、海况条件分析）相关要求。

（2）在装置两端放入固体围油栏形成检测区域。

（3）形成稳定的特定波（波高、波长、破碎波和非破碎波）、水流流速、温度、风速及浪流耦合条件，拖曳系统、自动取样系统及监控系统布设到位。

（4）投油系统向检测区域进行投油，实时调节投油量，确保形成稳定的油膜厚度。投油前记录油品名称、理化性质、投入量等相关信息。

（5）调节不同的波高、波长和温度，拖曳系统带动分散剂喷洒装置按剂油比、预定控制参数喷洒溢油分散剂，进行 1h 的试验。水下试验时，分散剂分别从输油管和喷油嘴上部注射。

（6）试验时间为 1h，水样取样间隔为 2min，取样量根据试验需要确定；取样位置和深度根据试验需要确定。多点设置 LISST-100X 激光粒度仪测定水体中油滴的粒径。水下试验时,设置原位显微高速相机及在线 PVM(粒子视觉显微镜)测水体中油滴粒径。

(7)水样采用二氯甲烷萃取 - 紫外可见比色分析法测定水样中油的含量,以便计算出乳化率。

(8)试验结束,记录试验结束时间。

(9)停止所有设备运行。

试验结束后应采用吸油材料等清除波浪槽、造流、造流系统等的油污,将含油废物、试验废水送有资质的协议企业处置。

3)分散油浓度分析方法

采集水样的油浓度根据 GB/T 18188.1—2021 规定的测试方法进行测定。主要步骤如下:将采集的乳化液样品转移至 125mL 分液漏斗,加入二氯甲烷进行震荡萃取,静置 30min 分层,用注射器抽取一定体积萃取液至比色皿中,采用紫外可见分光光度计在 650nm 波长下测定萃取液的吸光度,进而计算乳化液中的油浓度。

4)乳化率计算方法

$$DE(\%)=\frac{C_{\mathrm{sample}}V_{\mathrm{wt}}}{\rho_{\mathrm{oil}}V_{\mathrm{oil}}} \tag{4.4-1}$$

式中:DE——乳化率(%);

C_{sample}——水体中油平均浓度(mg/L);

V_{wt}——水体体积(L);

ρ_{oil}——油品初始密度(kg/m^3);

V_{oil}——实验用油品体积(mL)。

5)油滴粒径测试方法

多点设置 LISST-100X 激光粒度仪测定水体中油滴的粒径。水下试验时,设置原位显微高速相机及在线 PVM(粒子视觉显微镜)测水体中油滴粒径。根据微标尺确定的标尺比例,利用 Image-Pro Plus 软件进行图片分析,获取水体中油滴粒径分布数据。

6)生物急性毒性测试方法

选用中肋骨条藻(海水)、卤虫(海水)、斑马鱼(淡水)作为受试生物,每种受试生物对溢油分散剂的试验过程都分为预试验和正式试验两阶段。中肋骨条藻急性毒性试验方法参照附录 A。卤虫按照 GB/T 18420.2—2009 规定开展急性毒性试验,斑马鱼按 GB/T 18188.1—2021、GB/T 13267—1991 规定开展生物急性毒性试验。通过预实验进行大范围浓度梯度实验,确定正式试验的大致浓度范围。在预试验的基础上,在最大耐受浓度和绝对致死浓度值之间按等对数间距的形式设置浓度组,并设空白对照,且每组设置 2 个平行组进行试验。

7)可生物降解性测试方法

参照 GB 17378.4—2007、GB/T 7488—1987,在实验室采用碱性高锰酸钾法、生化培养法分别测定采集水样中的化学耗氧量(COD)、五日生化需氧量(BOD_5)等常规水质指标,按 GB/T 18188.1—2021 规定得出可生物降解性。

4.5 溢油应急响应人员实操培训

自 1998 年 6 月 30 日 OPRC 公约对我国生效以来,我国开展了一系列履约工作,溢油应急防范体系逐步建立。但有关专家曾指出,中国海洋面临溢油的潜在威胁日趋严峻。如何在溢油应急防范体系建立和完善的同时,充分利用好现有的配套设施,加快溢油应急培训工作,发挥其应有的功能,培养和造就高质量、高层次溢油应急队伍和防污染专家,提高我国在溢油防治、防备的综合反应能力,避免和减少溢油污染对海洋环境的威胁,已成当务之急。

溢油应急反应不仅是专业溢油应急队伍所必须具备的一项技能,也是从事油类作业人员、设施经营人,乃至防污监督执法监督部门和相关人员所必备的一项基本技能。因此,制订配套法规,把溢油应急培训纳入法制轨道,实行持证上岗制度,确保有计划,并分级、分批地对有关人员进行溢油应急轮训。可以更加切实做好 OPRC 公约履约工作,以及《中华人民共和国海洋环境保护法》的贯彻和落实。

4.5.1　理论知识培训

溢油应急响应人员的理论知识培训可参考本书以及"十三五"期国家重点研发计划"典型脆弱生态修复与保护"重点专项"生态环境损害鉴定评估业务化技术研究"项目课题二"海洋生态环境损害基线、因果关系及损害程度的判定技术方法"(2016YFC0503602)预期专著成果《海洋污染损害应急预案与赔偿基础教程》开展。相关基本知识培训要点如下。

1)基本油品识别

基本油品识别主要目的是要掌握石油的一些基本特性:密度、黏度、馏程、倾点和凝点、闪点;溢油在海洋环境中的变化及归宿:扩散、漂移、蒸发、溶解、分散、乳化、生物降解、氧化作用、沉积;以及溢油的危害等。

2)安全防护

安全防护主要分为操作人员个人安全防护和作业安全两个方面,其中个人安全主要有:听力保护、头部保护、眼睛保护、佩戴呼吸器或口罩、保护靴、穿着带有阻油层衣服,防止油渗透污染、穿着救生衣、保温服;作业安全主要包括:防止溢油对人体健康的危害及处置措施、公共安全、火灾和爆炸危险的防范措施、溢油围控与回收作业的注意事项、喷洒分散剂时的危害防范、岸线作业注意事项、驳载和运输的安全措施、不利天气条件下的作业安全等。

3)溢油围控主要设备——围油栏

对于围油栏,重点掌握其主要分类及使用场合。

围油栏种类:固体浮子式、栅栏式围油栏、外张力式围油栏、充气式围油栏、岸滩围油栏、防火围油栏。

按包布材料可分为:橡胶围油栏、PVC 围油栏,PU 围油栏、网式围油栏和金属或其他材料制成的金属或其他围油栏。

按浮体结构可分为:固体浮子式围油栏、充气式围油栏、浮沉式围油栏等。

按使用水域环境可分为:平静水域围油栏、平静急流水域围油栏、非开阔水域型围油栏和开阔水域型围油栏。

按使用情况可分为:永久布放型围油栏、移动布放型围油栏和应急型围油栏。

按用途可分为:一般用途围油栏、特殊用途围油栏,例如:防火围油栏、吸油围油栏、堰式围油栏、岸滩式围油栏等属特殊用途围油栏。

4)溢油回收设备

对于溢油回收设备,应主要掌握其结构组成、回收原理、主要类别及适用条件,为实际操作培训奠定理论基础。

溢油回收设备是专门设计用于去除水面油(或油水混合物)而不改变其物理和化学性质的机械装置。

收油机的原理:利用油和水的密度差别;利用油对某些材料黏(吸)附性能差别;利用油和水的水力学性能差别对溢油进行机械捞取。

收油机种类:

(1)堰式收油机利用重力使油从水面上分离。堰唇刚好位于油膜下面,使油能流过堰唇进入集油槽,然后被泵传送到存储装置。堰的高低可以调整以防大量水进入泵中。堰式收油机性能见表4.5-1。

堰式收油机性能简表 表4.5-1

回收效率	低,特别是在油层薄和风浪大时
回收速率	目前可达400m^3/h
结构特点	重量轻,维护简单,成本低
适用油黏度	除很高黏度外的油
垃圾敏感性	可处理一定尺寸的垃圾
波浪敏感性	波浪中回收效率低
适用水深	浅水
水流影响	适于在静水和低速流中工作

(2)真空式收油机采用泵或真空罐通过吸头将水面油抽吸上来,性能详见表4.5-2。

真空式收油机性能 表4.5-2

回收效率	回收效率一般为10%,油层薄则更低
回收速率	一般可达100m^3/h
结构特点	结构简单,尺寸小,成本低
适用油黏度	适于回收中、低黏度油
垃圾敏感性	垃圾易堵塞吸头
波浪敏感性	有波浪时回收效率很低
适用水深	最浅水也能工作,适于滩岸作业
水流影响	适于在静水中工作

(3)绳式收油机采用长的,连续的,由软的,平滑的亲油聚丙烯材料制成的收油绳收油。收油机的挤压辊机构带动收油绳经过油污染的水面,并将收油绳吸附的油挤到集油槽中。绳式收油机性能见表4.5-3。

绳式收油机性能简表　　表 4.5-3

回收效率	一般在 90% 以上
回收速率	目前可达 $60m^3/h$
结构特点	收油绳可重复使用,易维护
适用油	适于回收中、低黏度油
垃圾影响	除对海草敏感外,其他垃圾无影响
波浪影响	收油绳乘波性好,可在波浪中收油
适用水深	可在很浅的水中使用
水流影响	水平和垂直绳式收油机适于在静水和低速流中工作;装在收油船上的零相对速度绳式收油机才适合在水流中以前进模式收油

(4)转盘式收油机:转盘旋转通过油/水界面,油黏附在转盘侧面,然后被装在两边的刮油片除下,集聚在集油槽中,并被泵送走。转盘式收油机性能见表 4.5-4。

转盘式收油机性能简表　　表 4.5-4

回收效率	收油效率高,最大可达 97%
回收速率	收油速率较低,一般为 $60m^3/h$ 以下
结构特点	收油绳可重复使用,易维护
适用油	使用中、低黏度油
垃圾影响	垃圾有影响,能阻碍油流向撇油器
波浪影响	波浪有影响,适于长周期波中收油
适用水深	小型机可在浅水中使用
水流影响	适于在静水中工作

(5)刷式收油机:刷式亲油元件通过水/油界面拾取油并带一些水。回收的液体随后被刷子梳下流入集聚槽。有转刷和刷带两种收油机。刷式收油机性能见表 4.5-5。

刷式收油机性能简表　　表 4.5-5

收油效率	收油效率高
收油速率	收油速率高
结构特点	结构较复杂,成本较高
适用油	中高黏度油
垃圾影响	小尺寸垃圾不影响收油
波浪影响	波浪敏感性低
适用水深	小型机吃水浅
水流影响	适于在静水和水流中工作
应用方式	可以静止模式和前进模式收油

(6)带式收油机:导流装置将液体曳过允许水通过的多孔亲油收油带。收油带与水面成一角度,前端浸入油膜中。收油带在顶端经过滚轮时,带吸附的油和水被挤压或刮带下来。带式收油机性能见表 4.5-6。

带式收油机性能简表　　表4.5-6

回收效率	回收效率高
回收速率	回收速率高
结构特点	结构较复杂,成本较高
适用油	中高黏度油
垃圾影响	一般垃圾不影响收油
波浪影响	波浪敏感性低
适用水深	吃水较深
水流影响	适于在静水和水流中工作
应用方式	可以静止模式和前进模式收油
其他	适合装在专用收油船上

(7)其他收油机:传送带式收油机、动态斜面式收油机、金属齿盘收油机、筒式收油机等。

4.5.2　实际操作培训

1)围油栏实际操作

(1)设备起动前动力站部分检查

a)检查机油油位是否在正常范围内;

b)检查燃油油位是否在正常范围内;

c)检查液压油油位是否在正常范围内;

d)检查电瓶电压及电瓶连线是否牢固;

e)检查各液压管线是否连接牢固。

(2)检查充气管线有无破裂

(3)检查拖头、拖绳、浮漂、气阀盖、销子等附件是否齐全

(4)起动动力站

(5)围油栏布放操作

a)将集装箱系牢固定住,连接围油栏拖头;

b)操纵动力站将围油栏慢慢放出;

c)用充气机的充气管将围油栏的气室充满,并加装密封盖;

d)将充满气的围油栏放入水中;

e)布放装置的拖带速度与布放速度配合好。

(6)围油栏回收

a)用拖绳将围油栏的一头提起,卷绕在集装箱卷绕架上;

b)操纵动力站将围油栏慢慢收起;

c)用充气机的吸气管将围油栏气室内的空气抽出或自然释放;

d)将集装箱内所有围油栏全部回收完毕。

2)收油机实际操作

(1)设备起动前动力站部分检查

a)检查机油油位是否在正常范围内;

b)检查燃油油位是否在正常范围内；

c)检查液压油油位是否在正常范围内；

d)检查电瓶电压及电瓶连线是否牢固；

e)检查各液压管线是否连接牢固。

(2)开机

a)起动杆置于起动位置；

b)检查起动压力表指示数据是否在额定值。

(3)试运行

a)控制液压手柄,调节液压系统流量；

b)按照产品使用说明书,进行回收操作。

(4)停机

a)将被动设备的所有控制杆、控制旋钮恢复到零位；

b)将动力站液压控制杆置于零位；

c)将油门拉杆置于最低转速位置；

d)按下停机按钮。

(5)回收收油机并进行清洁保养

4.6　溢油跟踪浮标系统产品检测

近年来,我国政府高度重视溢油事故污染防治工作,水面溢油跟踪浮标系统作为溢油监视监测的主要手段之一也受到越来越多的关注,国内外均开展了大量相关研制工作,我国市面上的相关产品也越来越多样化。但是,目前,国内外适用于水面溢油跟踪浮标系统产品的检测方法标准仍为空白。在此情况下,因检测方法不一致引起检测结果偏差而带来的产品交易纠纷日益增多。为保障消费者权益及水面溢油跟踪浮标系统产业的良好发展,开展水面溢油跟踪浮标产品检测方法研究及标准化工作显得紧迫而十分必要。本节在阐述水面溢油跟踪浮标系统工作原理和性能指标的基础上,探讨了针对水面溢油跟踪浮标系统产品的检测方法,并对其标准化提出建议。

4.6.1　水面溢油跟踪浮标系统工作原理和性能指标

(1)系统定义与组成

水面溢油跟踪浮标系统是一种以浮标终端为载体,通过传感器、卫星定位设备、通信系统对水面油膜进行跟踪的系统,由浮标终端、数据链和浮标接收岸站3部分组成。浮标终端是带有卫星定位和无线网络通信功能的水面油膜跟踪设备,主要由浮标体、卫星定位设备、通信系统、供电系统和传感器等部分组成。

(2)工作原理

水面溢油跟踪浮标属于表层漂流浮标,在表层海水中受风力和洋流的共同作用。当浮标终端处于受力平衡状态时,通过调节浮标参数使其与油膜具有相同的运动速度和运动方向,则实现其与油膜的同步运动。溢油事故发生后或发现无主油后,将浮标终端投放在油膜中,浮标终端随油膜一起漂移,通过卫星通信系统或移动通信网实时接收浮标终端的位置信息,从而实现对油膜位置、漂移速度、轨迹、方向的实时跟踪。

(3)性能指标

水面溢油跟踪浮标系统在跟踪水面油膜时的偏差要求为:3 级海况下海上跟踪 40km 后与跟踪对象的距离应小于 300m;定位结果水平位置精度应不大于 100m(2drms),垂直位置精度应不大于 156m(2drms)。

4.6.2 性能指标检测

水面油膜跟踪定位性能指标检测的目的是验证水面溢油跟踪浮标系统的油膜跟踪性能和浮标终端定位性能。

(1)油膜跟踪性能指标检测

检测方法:将被检浮标终端和标定浮标终端一同投入试验水域,或将被检浮标终端投入试验水域中的油膜内,观察其漂浮状态和跟踪情况,并实时进行定位信息回传。

合格判定:不超过 3 级海况下连续漂流 40km 后,被检测浮标终端和标定浮标终端或油膜之间的距离偏差不超过 300m,视为合格。

(2)定位精度检测

检测方法:使被检水面溢油跟踪浮标系统处于正常定位工作状态,在 2h 内连续测量、记录 n 个($n>1000$)满足 HDOP(水平精度因子)$\leqslant 4$ 或 PDOP(位置精度因子)$\leqslant 6$ 的测量定位数据,然后将 n 次测量位置的分布与已知的 WGS-84 坐标系(World Geodetic System-1984 Coordinate System)下的大地位置比较,得出结果。

合格判定:水平位置精度不大于 100m(2drms),且垂直位置精度不大于 156m(2drms),视为合格。

4.6.3 整机检测

1)检视项目

以目视、手感或用平台秤称重的检测方法对水面溢油跟踪浮标系统产品的外观、颜色、重量、标志进行检测,与产品说明书一致,且符合《水面溢油跟踪浮标系统技术要求》(JT/T 910—2014)中的相关要求,视为合格。

2)充气试验

充气试验的目的是验证浮标体及浮力舱、仪器舱、电池舱的密封性能。

检测方法:对被检部位泵入 98kPa 压力的气体并保持压力 15min,在被检部位接缝表面涂上肥皂液进行渗漏检查,为力求对称,相邻舱室应间隔交叉进行检测。

合格判定:充气试验时,构件未发生变形,所有被检部位焊缝上肥皂液不发生气泡,被检部位内空气压力 15min 内下降不超过规定压力的 5%,视为合格。

3)水中姿态试验

水中姿态试验的目的是验证浮标终端在水中漂浮的姿态。

试验方法:将安装完整的浮标终端放在海水中,然后联机处于工作状态,用目视的方法观测浮标终端的吃水深度及其平衡性。

合格判定:浮标终端吃水深度未超过产品设计的吃水线,且稳定后浮标终端仍保持平衡,无翻转、倾斜等,则视为合格。

4)烤机测试

烤机测试的目的是验证浮标系统产品进行长期工作时的可靠性。

检测方法:在被检产品显示充电完成且不再重复充电的情况下,传感器系统、通信系统和数据采集处理器在实验室内连续无故障运行8d及以上;浮标系统整体安装完毕后,在岸边连续无故障运行8d及以上。浮标系统产品进行型式检测时,在反复充电以保证供电系统供电正常的情况下,在近海连续无故障运行90d及以上。烤机测试过程中,浮标接收岸站同步接收数据。

合格判定:烤机测试过程中,被检产品未出现运行故障,且浮标接收岸站数据有效接收率不小于95%,则视为合格。

5)材料特性试验

水面溢油跟踪浮标终端工作时将直接接触油膜和油蒸汽,而其组分多为石油、燃料油等易燃易爆危险品。为保证安全,需对浮标终端尤其是浮标体外壳进行绝缘和阻燃性能检测。

(1)绝缘电阻试验

绝缘电阻试验的目的是检验浮标终端尤其是浮标体外壳的绝缘性能。

检测方法:本研究采用伏安法,测量仪器宜为500V/500MΩ、误差不大于10%的兆欧表。连接线路,然后转动兆欧表手柄达到规定转速,持续10s,兆欧表稳定指示的电阻值即为绝缘电阻值。

合格判定:绝缘电阻值不小于10MΩ,则视为合格。

(2)阻燃试验

阻燃试验的目的是检验浮标体外壳及浮标终端内塑料部件的阻燃性能。

检测方法:小条试样与浮标体外壳或浮标终端内塑料部件为同种材料、同种工艺制成,长127mm,宽12.7mm,最大厚度12.7mm。试样放入无通风试验箱中,试样上端(约6.4mm)固定在支架上,并保持纵轴垂直。试样下端距离灯嘴9.5mm,距干燥脱脂棉表面305mm。将产生19mm高蓝色火焰的本生灯置于试样下端,点火10s,然后移去火焰至离试样至少152mm远,同时观察试样并记录有焰燃烧时间。若移去火焰后30s内试样上火焰熄灭,则需重新点燃试样,点火时间仍为10s,之后再次移开火焰,同时观察试样并记录有焰燃烧和无焰燃烧的续燃时间。试样熔滴的有烟颗粒应落入预备的脱脂棉上,观察是否引燃脱脂棉。反复试验不少于10次。

合格判定:10次点燃总有焰燃烧时间不大于250s,个别有焰燃烧时间不大于30s,无焰燃烧时间不大于60s,且无有焰熔滴,则视为合格。

6)防爆试验

浮标终端工作中将直接暴露在油膜和油蒸汽中,而浮标终端内安装有供电系统、传感器等设备,一旦发生故障时引起爆炸起火,将可能引燃油膜和油蒸汽,造成无法估计的损失。因此,浮标终端须具有一定程度的防爆性能。研究表明,浮标终端的尺寸和质量影响其对油膜的跟踪性能。因此,隔爆型,即增强浮标体外壳的防爆性能,是比较适用于水面溢油跟踪浮标系统产品的。

防爆试验的目的是验证浮标终端的防爆性能,包括外壳耐压试验和内部点燃的不传爆试验。

(1)外壳耐压试验

检测方法:在浮标体外壳内部放置爆炸性混合物(4.6 ±0.3)%丙烷(C_3H_8),然后用高压火花塞或其他低能点燃源点燃,同时测量所形成的压力,即参考压力,外壳上的间隙应在设计图样规定的制造公差范围内。参考压力值测量位置包括点火侧、点火侧的对应侧及外壳设计时预计产生过高压力的任何位置。然后进行静压测试,试验压力为参考压力的1.5倍,且不小于0.35MPa,加压时间为10~20s。反复试验3次。

合格判定:试验时,外壳未发生损坏和永久变形,且接合面的任何部位都没有永久性的增大,则视为合格。

(2)内部点燃的不传爆试验

检测方法:将被检外壳放置在试验罐内,外壳内和试验罐内均充以相同的爆炸性混合物(4.2 ±0.3)%丙烷(C_3H_8),然后用高压火花塞或其他低能点燃源点燃外壳内爆炸性混合物。反复试验5次。

合格判定:点燃没有传到试验罐内,则视为合格。

4.6.4 环境试验

型式试验应做环境试验,其目的是验证被检水面溢油跟踪浮标系统产品在正常工作时的环境适应性。根据水面溢油跟踪浮标系统产品工作环境特点及其自身技术性能要求,本专著认为该产品应接受的环境试验包括但不限于低温试验、低温储存试验、高温试验、高温储存试验、温度变化试验、恒定湿热试验、长霉试验、盐雾试验、振动试验、冲击试验、倾斜和摇摆试验、水静压力试验。

检测方法:试验方法和程序依照HY 016—1992《海洋仪器基本环境试验方法》中的相关章节。

试验等级选择:

(1)低温试验试验等级为试验温度-20℃,试验时间4h;

(2)高温试验试验等级为试验温度50℃,试验时间4h;

(3)倾斜和摇摆试验试验等级为纵倾10°前后不少于15min,横倾22.5°左右各不少于15min;纵摇±10°,周期5s,试验持续时间30min,横摇±35°,周期8s,持续时间30min;

(4)冲击试验试验等级不低于经不高于-10℃的低温、不低于50℃的高温和水压预处理后,高于水面4m垂直抛落水中不少于10次;

合格判定:被检产品在低温、高温及倾斜和摇摆试验过程中均能保持正常工作;在低温储存、高温储存、恒定湿热、温度变化、冲击、振动及水静压力试验后仍能正常工作;在冲击、长霉验、恒定湿热和盐雾试验后,浮标体表面防护涂层及标签无明显起皮、脱落、皱纹和气泡等,且标签内容仍完整、清晰、可辨识;传感器在完成自身必做的环境试验后,仍可达到性能指标检测的要求,则视为合格。

4.6.5 检验规则

为了试验溢油跟踪浮标的研制、生产、销售采购等活动的需要,本专著对应设置了出厂检验、型式检验和采购检验三个部分,分别对应生产、研发和采购环节。并在本研究基础上,设置了检验项目,并与相应检验方法相对应,见表4.6-1。

出厂检验、型式检验及采购检验的项目、方法　　表4.6-1

序号	检验项目	出厂检验	型式检验	采购检验	试验方法概要
1	浮标体、浮标姿态及锚系检查	√	√	√	1.采用目测及卷尺测量的方法检验浮标体的结构及尺寸等,符合有关浮标壳体及选配装置的尺寸范围、装配精度、焊缝、涂料、重量等相关要求。 2.目测浮标入水后的吃水线,≤0.4m合格。 3.目视检查浮标锚柄、锚爪以及锚的横杆一侧的标志符合相关要求
2	外观及安全标志检查	√	—	√	采用目视和手感的方法检验浮标的外观、水下延伸装置及水下仪器的外观,符合相关的醒目、牢固、外表无缺陷、阴极保护、防腐蚀、便于送交回收等要求的视为合格
3	浮标供电试验	√	√	√	电源可供换,浮标终端可连续工作8d及以上(系留预警的溢油探测跟踪浮标供电系统连续工作时间达到15d及以上)
4	数据采集及通信试验	√	√	√	浮标壳体内置通信设备能自动、及时地接收和向数据链发送溢油浮标终端动态和溢油探测等信息,动态信息自动更新时间小于5min,更新率可根据实际情况或需要定制,实时信息交互具备良好的抗干扰性
5	浮标接收岸站试验	√	—	√	机房设施配置、供电设施的接地状况、防雷设施的安装以及卫星接收机的天线架设等,设备齐全、接地和防雷设施完好、可用;岸站数据处理系统能够正常接收卫星通信系统发送的单个或多个浮标数据,数据处理软件界面友好、操作简便,传输通道畅通
6	传感器性能检验及校准	√	√	√	溢油跟踪定位功能检测试验:受试浮标与标定浮标在不超过3级海况的40km连续漂流试验中的实时回传定位信息差距不超过500m;在长度不少于100m、宽度不少于20m、可模拟不同波浪条件的试验水池内进行受试浮标的溢油跟踪比对试验,3级海况条件下能正常跟踪溢油、且误差距离不超过浮标实际跟踪距离的1.25%为试验合格。 溢油识别检测试验:将浮标投入试验水池中自由漂流或系留于其内的特定位置,水面油膜或水下油块漂流过浮标工作范围,可检测的水面油膜厚度最小值不大于100μm,水下油块直径的最小值不大于300μm,及时发布溢油信息,且全天候不间断工作,误报率最低不高于50%,视为合格

续上表

序号	检 验 项 目	出厂检验	型式检验	采购检验	试验方法概要
7	环境试验	—	√	√	浮标安装设备环境试验：包括低温、高温、温变、储存、冲击、振动、倾斜摇摆、水静压力、恒温恒湿等试验
8	连续运行试验（考机试验）	√	√	√	在实验室内开启数据采集处理器的控制电源，并设置参数，进行为期15d的连续无故障运行。浮标整体安装完毕后，进行为期15d的岸边无故障连续运行试验。浮标产品定型或产品结构、材料、工艺和电子元器件等有较大改变，可能影响产品性能时，进行为期90d的近海试验

注："√"表示该类检验中应进行的检验项目；"—"表示该类检验中的选做项目。

（1）出厂检验

浮标出厂前，制造单位的质量检验部门应按照表4.6-1的顺序和项目对所有出厂的产品进行全检。

（2）型式检验

浮标进行型式检验的情况包括：

a）产品结构、材料、工艺和电子元器件等有较大改变，可能影响产品性能时；

b）产品转厂生产或新产品定型时；

c）产品长期停产后，恢复生产时；

d）出厂检验结果与上次全性能检验有较大差异时；

e）质量监督机构要求对产品进行型式试验时。

型式检验的项目和方法见表4.6-1。

（3）采购检验

设备采购前，当产品销售方（或产品代理方）无法出具产品出厂检验报告或出厂检验报告存在检验项目不完整或试验方法不合理时，产品销售方（或产品代理方）应根据采购方的要求委托有能力的第三方检验机构对全部采购产品或从同批次采购产品中抽取一定比例样品进行采购检验，并由受委托的第三方检验机构出具检验报告。采购检验的项目和方法见表4.6-1。

（4）合格判定

在出厂检验和型式检验中，应按表4.6-1规定的检测项目全部检验合格的样机或是产品则为合格品。对于出厂检验的合格品应出具出厂检验合格证书（或检定、测试证书）；对于型式检验的样机或合格品应出具样机型式检验报告。

4.6.6 检测方法标准化分析

随着品类越来越多的水面溢油跟踪浮标系统产品出现在市面上，选择增加的同时，人们也逐步意识到需要实施水面溢油跟踪浮标系统产品检测方法的标准化，以减少因检测方法不一致引起检测结果偏差而带来的产品交易纠纷，进而保障消费者权益。

目前,涉及水面溢油跟踪浮标系统产品检测方法的标准国内外均为空白。国外及国际标准中未发现适用于水面溢油跟踪浮标系统的。我国现行标准中涉及浮标产品的主要针对海洋观测浮标,如《小型海洋环境监测浮标》(HY/T 143—2011)、《极区海洋环境自动监测浮标》(HY/T 091—2005)、《表层漂流浮标》(HY/T 071—2017)等,这些标准中虽然编入了相应检测方法,但是海洋观测浮标本身不具有跟踪溢油的功能,设计目的不同导致性能和技术参数均有较大差异,因此该类标准中的检测方法并不适用于水面溢油跟踪浮标系统产品。《浮标通用技术条件》(JT/T 760—2009)适用于中国沿海和内河助航浮标,其所列检测方法既过于简单又无法完全适用于水面溢油跟踪浮标系统产品。而《水面溢油跟踪浮标系统技术要求》(JT/T 910—2014)虽然适用于水面溢油跟踪浮标系统产品,但该标准中没有编入检测方法。

综上所述,本专著建议将水面溢油跟踪浮标系统产品检测方法标准的制订纳入相关机构的标准制修订计划中,以完善水面溢油跟踪浮标系统的标准化工作,进而规范水面溢油跟踪浮标系统产品的研制、生产和销售等环节。

4.6.7　小结

近年来,国内外均开展了大量水面溢油跟踪浮标系统研制工作,我国市面上的相关产品也越来越多样化,但国内外适用于该产品的检测方法标准仍为空白,因检测方法不一致引起的检测结果偏差而带来的产品交易纠纷日益增多。为保障消费者权益、引导产业良好发展,本专著在阐述了水面溢油跟踪浮标系统的定义、组成、工作原理和性能指标的基础上,探讨了适用于该产品的检测方法,包括性能指标检测、整机检测和环境试验,并提出了各项检测试验的检测目的、检测方法和合格判定指标。最后,本专著分析了制订水面溢油跟踪浮标系统产品检测方法标准的必要性,同时提出了将该标准制订纳入相关机构的标准制修订计划中以推动其标准化的建议。

4.7　吸油材料性能检测试验

4.7.1　标准编制的需求分析

国外针对溢油吸油材料分别制定了适合于室内实验室测试和室外测试吸油材料性能的标准方法,对吸油材料的选择能够提供有效的指导。国内标准分别对聚丙烯纤维为材料的船用吸油毡、吸油拖栏的性能指标和测试进行了规定,不能指导全部吸油材料的评价,适用范围较窄。此外,国内标准缺乏吸油材料保油性能等指标及其试验方法,需进一步细化。

4.7.2　吸油材料的性能指标及参数

吸油材料要达到高效控制油污的目的,应具备良好的性能,例如疏水性、亲油性、高吸油倍数、高吸油速率、保油时间较长、重复使用性和生物降解性能等等。

(1)吸油倍数 q

吸油倍数 q 为每单位重量的吸附剂吸收油品的重量。其表达式如式(4.7-1)所示。

$$q = \frac{F_{\mathrm{W}} - F_{\mathrm{I}} - W_{\mathrm{H}}}{F_{\mathrm{I}}} \tag{4.7-1}$$

式中:F_{W}——吸油并且自由淌滴 1min 后吸油材料的质量;

F_{I}——吸油前吸油材料的质量;

W_H——吸油材料中吸附水的质量。

对于吸油材料，其吸油倍数越高越好，但是目前使用的吸油材料的吸油倍数还比较低，一般是其自重的几倍至几十倍。

(2)吸油速率

吸油速率可以用单位质量的吸油材料在一定时间内吸多少油来表示，也可以用单位质量的吸油材料吸一定量的油品需要多少时间来表示。目前所用吸油材料的吸油速率还比较低，尤其是当所吸收油品的黏度较高时，吸油速率更低，这也是制约吸油材料应用的一个关键指标。

(3)保油性能

保油性能是指吸油材料吸收了油污之后，在转移或者运输的过程中对油品的保存性能如何。倘若油污只是吸附在吸油材料表面，吸油材料对油污的保油性能不好，则移除吸油材料的过程中，油污会淌滴出来，造成除油不彻底，甚至会污染运载工具和路面等。

(4)油水选择性(亲油性、疏水性)

油水选择性可以用吸油量/吸水量的比值来表示，对于吸油材料，吸油量/吸水量的比值越大，证明该材料的油水选择性越好，越有利于其在海洋油污处理中的应用。一般来说在海洋溢油的处理中，比较青睐于超疏水超亲油的材料。

(5)浮力

一般指物体浸泡(包含)在液体或气体中产生的托力。吸油材料的浮力与它的密度和空隙率有关，想要应用在海面溢油的表面浮油的处理，要求吸油材料要有高的浮力，在吸油后能够长时间漂浮在油水界面上，利于吸油的进行和吸油后材料的回收。

(6)油水分离性能

油水分离性能也可以解释为吸放油的可逆性，在吸油材料吸收油品后，将所吸收的油品释放出来的难易程度。对于吸放油可逆性好的材料，用简单的操作例如：挤压、离心、抽滤等方法即可使材料所吸收的油释放出来。这有利于油品的回收再利用实现油品的二次利用，有效地节约资源，而且也有利于吸油材料的重复使用。

(7)重复使用性

通过机械或化学的方法释放所吸收的油品后一些吸油材料可以被重复使用。通过重复使用吸油材料，在一次溢油清除中，可降低材料的花费、垃圾产生的数量。

(8)无毒性和可生物降解性

使用无毒性和可生物降解的吸油材料可以避免产生二次污染。

4.7.3 吸油材料性能检测试验方案

油品的黏度是影响吸附材料性能的关键因素之一，为反应吸油材料对不同黏度油品的吸收能力，选用两种代表性油品开展吸油材料性能测试实验：

低黏度油：5cSt (20℃)；

高黏度油：3000cSt (20℃)。

吸油材料性能测试在常规实验室内即可完成，不需动用大型试验水池。

(1)实验仪器

试验槽、电子天平、振荡器等。

(2)吸油材料样品

吸油材料须制成统一的试验尺寸。吸油材料为片状的,将吸油材料样品切成10cm×10cm单片;吸油材料为颗粒等其他材料的,取5~10g制成试验样品。

(3)吸油倍数的测定

测量并记录试验样品的质量后,将试验样品完全浸入装有足够介质的试验槽中10min,用漏勺将吸油材料取出,放置于金属网上,放于网上静置30s后称重,记录吸油后的质量。并计算吸油倍数。

$$q = \frac{M - M_0 - M_w}{M_0} \tag{4.7-2}$$

$$Q = \frac{M_w}{M_0} \tag{4.7-3}$$

式中:q——吸油倍数;

Q——吸水倍数;

M——吸油材料吸油后重量;

M_0——吸油材料吸油前重量;

M_w——吸油材料吸收水的重量。

(4)吸水倍数的测定

将试验样品完全浸入装有足够水的试验槽中10min,用漏勺将吸油材料取出,放置于金属网上,放于网上静置30s后称重,记录吸水后的质量,并按照式(5.7-3)计算吸水倍数。

(5)持油性能测试

将经吸油后的试验样品,放入装有300mL清水的广口瓶中,然后用振荡器振动5min,取出试样平放5min后称重。

油保持率=(振荡后试样重量-吸水量-试样吸油前重量)/(试样振动前吸油量-试样吸油前重量)×100%

(6)漂浮性能测试

将经吸油后的试验样品,放入装有300mL清水的广口瓶中,然后用振荡器振振荡12h后,静置观察试验样品是否浮于水面。

4.8　石油污染降解菌性能试验

4.8.1　标准编制的需求分析

船舶海上运输、海洋石油开发等活动所造成的溢油污染使渔业、旅游业蒙受重大损失,对大气循环、海洋生态和人类健康造成影响。微生物修复技术由于其污染物的原位修复、不产生二次污染、处理费用低等优势,正逐渐成为一种新型、环保的清理溢油的有效手段。然而,目前实验室培养的石油污染降解菌剂的优劣较难衡量,降解效率的测试没有标准的方法可参考,亟待研究制定,用于检验实验室培养的石油污染降解菌剂的优劣及优化降解条件。

4.8.2　菌体在含油废水中生长曲线的紫外法测定

(1)试验油品最大吸收波长的确定

配制试验油品储备液,取少量将其稀释配成含油浓度为40mg/L的溶液,取10mL放入石英比色皿，以石油醚为参比溶液，在紫外分光光度计中进行波长扫描，确定该试验油品的最大吸收波长。

(2)试验油品标准曲线的绘制

先取一定量试验油品储备液，配制成含油浓度为100mg/L的稀释液，作为初始浓度C_0，然后向8个10mL比色管中分别加入0、0.4、0.8、1.0、1.5、2.0、3.0、4.0mL该稀释液，再用石油醚进行定容。在该试验油品的最大吸收波长处，用10mm石英比色皿，以石油醚为参比溶液，测定不同含油浓度吸光值，绘制试验油品标准曲线。

(3)试验水样菌体培养

取在驯化培养基中生长24h的菌液培养物2mL，接种到100mL的试验油品含油废水中，在恒温30℃、速度140r/min的振荡条件下培养。从接种计时起，每隔1d测定菌体生长OD_{600}，连续试验5d。

(4)试验水样含油浓度测定

a)将已测量体积的试验水样仔细移入1000mL分液漏斗中，用20mL石油醚清洗采样瓶后，移入分液漏斗中。充分震荡3分钟，静止，使之分层，将水层移入采样瓶内。

b)将石油醚萃取液滤入50mL容量瓶中。

c)将水层移回分液漏斗内，用20mL石油醚重复萃取一次，同上操作。然后用10mL石油醚洗涤漏斗，其洗涤液均收集于同一容量瓶内，并用石油醚定容。

d)在选定的试验油品最大吸收波长处，用10mm石英比色皿，以石油醚为参比，测量石油醚萃取液的吸光度。

e)取与试验水样相同体积的纯水，进行与上述a)~d)步骤相同的操作，作为空白试验，测量吸光度。

f)将试验水样的测定吸光度减去空白试验的测定吸光度，再从标准曲线上查出对应的含油浓度，作为测定浓度C。

(5)石油降解率的计算

测试油品降解率(%)=(初始浓度C_0-测定浓度C)/初始浓度C_0×100%

4.8.3 石油降解菌最优降解条件测定

(1)pH值对菌株的影响测定

a)将无机盐培养基的pH值调整为5.0、6.0、7.0、8.0、9.0。

b)向5个锥形瓶中各加入100mL含油浓度为0.5%的无机盐培养基，高压灭菌20min后，分别接种筛选出的高效降解菌菌液5mL。

c)将上述锥形瓶放于环境温度为30℃、摇速为140r/min的摇床上恒温培养，5d后测定降解体系中的菌株OD值和原油降解率。

d)根据测试结果，确定菌株降解测试油品的最适pH值。

(2)温度对菌株的影响测定

a)将无机盐培养基的初始pH调整到7.5。

b)分别接种筛选出的高效降解菌菌液5mL到100mL含油浓度为0.5%的无机盐培基中。

c)分别在25、28、31、34、37℃的恒温摇床上进行振荡培养，培养5d后，测定培养液的OD值和测试油品的降解率。

d)根据测试结果,确定菌株降解测试油品的最适温度。

(3)摇床转速对菌株的影响测定

a)将无机盐培养基的初始 pH 调整到 7.5。

b)分别接种筛选出的高效降解菌菌液 5mL 到 100mL 含油浓度为 0.5% 的无机盐培基中。

c)在 30℃的条件下,将摇床转速分别调整到 100、120、140、160、180r/min,进行振荡培养,培养 5d 后,测定培养液的 OD 值和测试油品的降解率。

d)根据测试结果,确定菌株降解测试油品的最适摇床转速。

(4)接种量对菌株的影响测定

a)将无机盐培养基的初始 pH 调整到 7.5。

b)将筛选出的高效降解菌菌液按照 2、4、6、8mL/100mL 的接种量,分别接种到 100mL 含油浓度为 0.5% 的无机盐培基中。

c)在 30℃的条件下,将摇床转速调整到 140r/min,恒温震荡培养 5d 后,测定培养液的 OD 值和原油的降解率。

d)根据测试结果,确定菌株降解测试油品的最适接种量。

(5)磷源对菌株的影响测定

a)选择不同类型的磷源,分别为: KH_2PO_4、K_2HPO_4、NaH_2PO_4、KH_2PO_4: K_2HPO_4 = 1 : 2,加入到 100mL 含油浓度为 0.5% 的无机盐培养基中,并使磷元素加量等同于现在无机盐培养基中的磷素量,分别接种 5mL 的菌液。

b)在 30℃的条件下,进行振荡培养,培养 5d,测定培养液的 OD_{600} 值和测试油品的降解率。

c)根据测试结果,确定菌株降解测试油品的最适磷源。

(6)氮源对菌株的影响测定

a)选择不同类型的氮源,分别为: NH_4Cl、$NaNO_3$、$(NH_4)_2SO_4$、KNO_3,加入到 100mL 含油浓度为 0.5% 的无机盐培基中,并使氮素加量等同于现在无机盐培养基中的氮素量,分别接种 5mL 的菌液。

b)在 30℃的条件下,进行振荡培养,培养 5d 后,测定培养液的 OD 值和测试油品的降解率。

c)根据测试结果,确定菌株降解原油的最适氮源。

4.9 溢油风险源遥感图像分析试验

4.9.1 标准编制的需求分析

《国家重大海上溢油应急能力建设规划(2015—2020 年)》提出:"完善法律法规标准规范体系""制定海上石油生产、储运、沿岸油品炼制和存储等环节的溢油防范措施技术规范"。

为了综合应用遥感监测手段,强化对沿海和内河固定及移动溢油风险源开展业务化的监视监测与图像分析,有必要综合分析国内外溢油风险源遥感监测技术,针对沿海和内河典型溢油风险源,以及航天、航空、岸基、船基等可利用的遥感监测手段,提出调研分析、互补应用、图像分析流程及方法,为完善水上石油生产、储运、沿岸油品炼制和存储等环节的溢油防范措施提供风险源遥感监测辨识分析支持。

4.9.2 试验方法和主要内容

1)目标

综合分析国内外资料,掌握现有技术,针对沿海和长江干线水域的溢油问题,集成卫星、飞机和航海雷达等,建立起完善的溢油应急综合遥感监测体系,有力支持研究区域内的溢油应急响应及赔偿溯源,满足沿海和长江黄金水道水上运输安全和生态环境保护的需要,支撑沿海和长江经济带的良好发展。

2)内容

(1)国内外相关资料的收集与分析

掌握本领域的国内外研究文献,明确解决沿海和长江干线溢油应急与风险源综合监测的技术要点,优化监测技术的整合方案。

(2)监测因子及监测技术

沿海和长江干线船舶运输面临的溢油污染问题包括:事故性污染和操作性污染。需根据溢油污染特点、环境条件和应急/风险源工作需求,选择监测因子,主要考虑溢油油膜位置、面积、厚度等监测因子。结合监测因子自身,选择有效的监测技术,主要包括:遥感立体监测技术和污染源跟踪监测技术等其他监测技术。

(3)监测站点的布局方案制定,建立综合监测方案

监测站点的选择和布局对于保证监测效果具有重要的意义。在选择溢油监测站点时,主要考虑港口、重要城市、环境功能和站点现有设备等。另外,监测站点的布局应当使其监测范围覆盖全部区域。

针对不同监测站点的布局,考虑监测技术应用的可行性,形成覆盖整个中国沿海和长江干线的综合遥感监测体系。主要解决不同站点监测任务、技术的协调和配合问题。

3)技术路线

主要解决监测站点的布局;结合站点覆盖的监测范围以及发生的溢油具体情况,选择监测技术;为了有效地监测溢油源,有必要根据研究区域以及污染类型进行监测技术的优化;最后形成中国沿海和长江干线溢油应急与风险源综合遥感监测方案。

4.10 溢油污染防备评估试验的经济保障分析

4.10.1 标准编制的需求分析

分类调研和提出一套公平合理的溢油污染防备、应急处置及评估试验的费率标准,作为相应收费、获得救助报酬的依据,是溢油应急事业可持续发展的必要保证,也是环境保护重要防线得以运行的重要经济保障。

为此,本研究针对溢油污染防备阶段的研究试验、风险评估、培训演练,溢油事故响应阶段的应急处置、调查取证、损害评估、环境恢复等实施过程,分类汇总了著名国有和民营企业以及国际相关收费标准,就必须产生的合理费用研究提出费率标准,作为溢油污染防备和应急处置、开展水上环境救助及评估试验的收费及获得救助报酬的依据,旨在更好地推进水上

污染防备和应急处置工作的可持续发展。

4.10.2　风险防范研发费率

为了将溢油污染风险防控、应急能力建设、应急体系运行维护、应急技术创新研发纳入常态化、业务化、科学化、系统化的可持续发展轨道,应考虑溢油事故发生前的风险防范研发费用,包含监视监测、预测预警、应急决策、风险评估、鉴定评估、预防和减缓技术和装备的研发,应急体系建设及业务化的过程产生的费用。详见表4.10-1和表4.10-2。

风险防范系统研发费率建议表　　表4.10-1

研究项目	推荐费率(万元/港区)	备　注
监视监测系统	20	未含硬件费用
预测预警系统	20	未含硬件费用
应急决策支持系统	20	未含硬件费用
风险评估	38	详见下表
损害鉴定评估系统	30	未含硬件费用
预防和减缓技术和装备研发	50	未含硬件费用
应急体系建设及业务化	20	业务化计费时间3年

港区风险评估费率建议表　　表4.10-2

港区风险评估收费项目	推荐收费标准(元)
外场勘查、海洋基础数据购买、工作大纲编制	10000
工程分析	20000
环境概况与船舶污染事故敏感资源资料收集	20000
现状分析(主要包括环境概况、水路交通概况、船舶事故统计与分析、船舶事故发生频率、船舶污染事故污染量统计与分析、事故多发区、应急能力现状等方面)	40000
风险识别与源项分析(包括本工程船舶污染事故风险特点、船舶运输货物危险性识别、船舶运输过程危险性识别、风险因素分析、船舶污染事故发生概率预测、船舶污染事故污染量预测)	50000
针对溢油污染事故后果采用国际先进的数值模拟软件分等级、分类型、分地点进行模拟预测,风险影响预测包括泄漏扩散事故模拟、火灾事故模拟等等	60000
风险评价(包括船舶污染事故危害后果分析、风险可接受水平分析)	60000
码头及船舶污染事故应急设备设施配备	50000
根据港内潜在风险事件以及船舶污染事故后果模拟预测结果,提出船舶污染风险防范措施	30000
给出项目综合结论,编制评估报告	40000
合计	380000

4.10.3　水上应急处置费率

水上应急处置费率推荐标准,由中国航海学会船舶防污染专业委员会研究提出,经首届溢油清污队伍专业学组第二次会议讨论通过(表4.10-3)。该推荐标准主要参考了我国溢油清污队伍如下收费标准:东海救助局《救捞费率》、上海东安公司《上海港油污/化救应急抢险收费项目及标准(暂行)》、深圳航鹏公司《海上溢油应急费用单》,海南海兰《船舶服务收费项目及标准表》(已获海南省物价局的批准)。

水上污染防备和应急处置收费推荐标准 表4.10-3

收费项目	推荐收费标准(适用于外轮及国内船舶)
清污船舶费用	专业溢油应急船:180000~300000元/天
	其他清污船:3000~50000元/天,根据船舶类型以及救助地点等可做相应调整
清污物资费用	吸油毡:35~50元/公斤
	溢油分散剂:35~80元/公斤
	一次性围油索:长度×150元/米
	围油栏: 固体浮子式:长度×250元/米 充气式:长度×555元/米 防火型围油栏:长度×2500元/米 吸油拖栏:长度×150元/米
	收油机使用费:100~1200元/小时
	溢油分散剂喷洒装置使用费:2000元/台
	污油储存装置使用费:1000/个·天
	垃圾袋:3元/个 编织袋:8元/个 开口桶:100元/个
工作车辆费	1500元/辆·天
废弃物处置费(包括含油垃圾和油污水等)	6~17元/公斤
人员人工费	指挥人员:200人/小时 防污专家:3000元/天 现场作业人员: 技术工:100~150元/小时 普通工:80~100元/小时 注:可根据作业地点加收一定费用;休息日加班按国家规定收取加班费
特别补偿	根据清污的实际情况加收总费用20%~50%的补偿费用
其他	参考国际相关收费标准(见附件)以及国内相关需求确定收费项目和价格

2016年5月26日,中国航海学会船舶防污染专业委员会收到北京中英衡达海事顾问有限公司上海分公司的《问询函》,就该推荐标准在实际应用中的具体适用及费率核算办法请求予以说明和解释,中国航海学会船舶防污染专业委员会该推荐标准起草人(即本书主编)于2016年5月31日予以了具体答复,进一步细化、完善了该推荐标准。

船舶信息表

序号	船名	船舶种类	航区	船舶尺度（长×宽×深）(m)	总吨 (t)	功率 HP	仓容 (t)	主要设备设施及船舶性能	图片
1	东雷油6号	证书：油污水处理船 海事局：溢油应急处置船	近海	62.8×12×5.2	1176	1635	996	10t吊机1台、自动喷洒装置2套（设计臂长15m）、拦油臂2套、美国康明斯液压卸载泵（300m³/h）、消防炮1套、海水加热器1套、充气围油栏600m，斜面收油机2套、便携式喷洒装置2套、卫星F站1套、卫星电话1套、溢油监控1套、高速工作艇1艘（航速30节）、微生物消油剂5吨、富肯消油剂2.5t、吸油毡1t、手测推1套、吸油拖栏400m等。该船续航能力3000n mile、抗风能力10级以上	
2	东雷油3号	证书：油污水处理船 海事局：溢油应急处置船	沿海	47.45×7.8×3	310	449	474	吊机1台、喷洒装置2套、充气式围油栏200m、堰式收油机2套、便携式喷洒装置1套、卸载泵、微生物消油剂0.5t、富肯消油剂0.5t、吸油拖栏400m、吸油毡1t等	

序号	船名	船舶种类	航区	船舶尺度（长×宽×深）(m)	总吨（t）	功率 HP	仓容（t）	主要设备设施及船舶性能	图片
3	鑫安019	证书：溢油（污油）回收船 海事局：溢油应急处置船	近海	49.36×9.2×4.1	494	1632	430	1500型橡胶围油栏400m、悬臂式喷洒装置1套、移动式喷洒装置1套、动态斜面收油机2套、全套起吊装置、多台卸载泵等。另船上还配有拖带装置1套、高压消防炮2套，能满足一艘船舶应急拖带和应急消防用。该船抗风能力10级以上	
4	鑫安018	证书：油船 海事局：溢油应急处置船	近海	53.2×9.2×4.1	498	296	973	1500型橡胶围油栏400m、悬臂式喷洒装置1套、移动式喷洒装置1套、动态斜面收油机2套、全套起吊装置、多台卸载泵等	

问　询　函

中国航海学会船舶防污染专业委员会：

贵学会2011年发布了《水上污染防备和应急处置收费推荐标准》，我们对该标准有如下问题：

1."专业浮油回收船"和"其他清污船"如何划分？随函附上了"东雷油6""东雷油3""鑫安019""鑫安018"的船舶信息，这4艘船是否属于"专业浮油回收船"？适用什么费率合适？费率是否区分防备和应急？是否包含船员及燃油消耗？

2.标准中对其他清污船舶费率规定了"可根据船舶类型以及救助地点等做相应调整"，请问通常的调整标准是什么？如果是超港区范围的作业如何调整？超20海里沿海航区的远海作业呢？

3.标准中对人员人工费用规定了"可根据作业地点加收适当费用"，请问一般的加成标准如何？超港区或超20海里沿海航区的远海作业可如何调整？

以上问题涉及《水上污染防备和应急处置收费推荐标准》的具体适用，诚望予以说明和解释。谢谢！

北京中英衡达海事顾问有限公司上海分公司

2016年5月26日

关于《水上污染防备和应急处置收费推荐标准》问询函的复函

北京中英衡达海事顾问有限公司上海分公司：

贵司5月26日电邮我专业委员会的问询函收悉，现就所询问的我专业委员会2011年7月11日在《船舶防污染》纪念专刊上公布的推荐标准《水上污染防备和应急处置收费推荐标准》(SPPPC/T 451—2011)(以下简称"推荐标准")的具体适用问题，现答复如下：

1.推荐标准的清污船舶费率包括了燃油消耗，但未包括船员人工费用。

2.推荐标准的人员人工费用规定了"可根据作业地点加收适当费用"，具体而言，一般的加成标准建议为：国家法定休息日及连续工作必须超过8~12小时时，加成100%，国家法定节日及连续工作必须超过12~16小时时，加成200%，超过16小时时则必须要求强制休息；发生超港区或超20海里沿海航区的远海作业时，建议分别按50%和100%加成。

3.推荐标准对其他清污船舶费率规定了"可根据船舶类型以及救助地点等做相应调整"，具体而言，船舶类型主要按船舶吨级(T)确定，救助地点主要按船舶出发地至救助地点的距离(D)确定，建议按照T调整费率的基本取值(F)，按照D调整费率的取值调整系数(m)，费率$=m\times F$。

F取值的建议标准如下：

(1)$T=499$总吨及以下：取3000元/天；

(2)$T=10000$总吨及以上：取50000元/天；

(3)$T=500\sim9999$总吨：取3000元/天$+(T-499)\times4.94$元/天/总吨。

m 取值的建议标准如下：

(1) $D \leqslant$ 港界距离(a,单位为海里)时取1.0；

(2) $D \geqslant 20$ 海里时取1.5；

(3) $D > a$ 且 $D < 20$ 海里时，$m = 1.0 + 0.5 \times D/(20 - a)$。

4. 推荐标准对"专业浮油回收船"和"其他清污船"的划分主要根据参与清污作业船舶的主营范围及所配备的专业浮油回收装备而确定，具体而言，如果船舶证书标明为"溢油(污油)回收船""油污水处理船""油船"，且配备了专业收油机、卸载泵、储油(油污水)舱，即可确定为"专业浮油回收船"，否则，可确定为"其他清污船"。

5. 专业浮油回收船费率建议也"可根据船舶类型以及救助地点等做相应调整"，费率 $= m \times F$。

F 取值的建议标准如下：

(1) $T = 499$ 总吨及以下：取200000元/天；

(2) $T = 10000$ 总吨及以上：取500000元/天；

(3) $T = 500 \sim 9999$ 总吨：取200000元/天 $+ (T - 499) \times 31.57$ 元/天/总吨。

m 取值的建议标准如下：

(1) $D \leqslant$ 港界距离(a,单位为海里)时取1.0；

(2) $D \geqslant 20$ 海里时取1.3；

(3) $D > a$ 且 $D < 20$ 海里时，$m = 1.0 + 0.3 \times D/(20 - a)$。

中国航海学会船舶防污染专业委员会

2016年5月31日

2019年，北京中英衡达海事顾问有限公司上海分公司为中国航海学会船舶防污染专业委员会的依托单位交通运输部水运科学研究院开具了费率标准科技成果应用证明(图4.10-1)，指出：该成果是目前唯一一份全国性行业推荐标准，对于评估和核算水上污染事故的应急处置费用具有重要指导价值；该标准与清防污实践紧密结合，项目设置简洁、合理，定价科学，可靠性强，在实务中已被应用在船舶污染事故应急处置费用纠纷的法律诉讼中，经济、社会、环境效益显著。

根据最高人民法院对该起溢油事故的4家清污队伍应急处置和清污费用索赔案的终审判决，可以得出有关该推荐标准的以下结论：

(1)该推荐标准是国内首部用于水上污染防备和应急处置收费的团体推荐标准，收费项目包括船舶使用费、清污物资使用及消耗费用、工作车辆费用、废弃物处置费用、人员人工费用、管理费用(含税)、其他费用(参考国际相关收费标准以及国内相关需求确定收费项目和价格)，与终审判决赔偿费用的分类组成及其计算方法总体一致，与国际相关取费标准基本相当，可以作为被法院判决采纳的依据。

(2)该推荐标准将船舶使用费划分为2类，一类为专业浮油回收船，根据其所具有的专业回收功能和回收专业能力，在20~50万元/天之间收取清污船舶使用费，另一类为其他清污船，根据船舶类型以及救助地点等，可在3000~50000元/天之间做相应调整。从最高法院再审判决书“一、二审法院认定‘东雷油6’轮使用费费率6万元/天过低，可以调整为14万元/天；一、二审法院认定‘东雷油3’轮使用费费率2万元/天适当，可予维持；一、二审法院认定‘名洋166’轮使用费费率3万元/天过低，可调整为12万元/天。”的费率认定结果可以看出，推荐标准中应增设“一般溢油回收船”的船舶使用费类型，根据溢油回收能力在5～20万元/天之间收取清污船舶使用费，并补充根据各类清污船功能和能力确定具体费率的核算公式和参数。

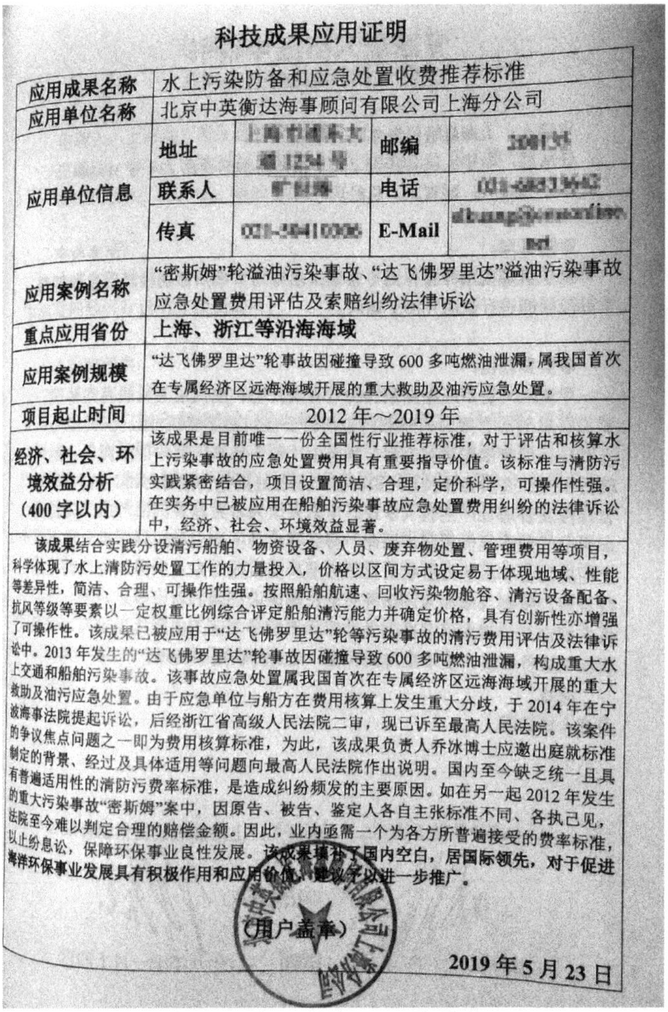

科技成果应用证明

应用成果名称	水上污染防备和应急处置收费推荐标准		
应用单位名称	北京中英衡达海事顾问有限公司上海分公司		
应用单位信息	地址：[illegible]	邮编	[illegible]
	联系人：[illegible]	电话	[illegible]
	传真：[illegible]	E-Mail	[illegible]
应用案例名称	“密斯姆”轮溢油污染事故、“达飞佛罗里达”溢油污染事故应急处置费用评估及索赔纠纷法律诉讼		
重点应用省份	上海、浙江等沿海海域		
应用案例规模	“达飞佛罗里达”轮事故因碰撞导致600多吨燃油泄漏，属我国首次在专属经济区远海海域开展的重大救助及油污应急处置。		
项目起止时间	2012年～2019年		
经济、社会、环境效益分析（400字以内）	该成果是目前唯一一份全国性行业推荐标准，对于评估和核算水上污染事故的应急处置费用具有重要指导价值。该标准与清防污实践紧密结合，项目设置简洁、合理，定价科学，可操作性强。在实务中已被应用在船舶污染事故应急处置费用纠纷的法律诉讼中，经济、社会、环境效益显著。		

该成果结合实践分设清污船舶、物资设备、人员、废弃物处置、管理费用等项目，科学体现了水上清防污处置工作的力量投入，价格以区间方式设定易于体现地域、性能等差异性，简洁、合理、可操作性强。按照船舶航速、回收污染物舱容、清污设备配备、抗风等级等要素以一定权重比例综合评定船舶清污能力并确定价格，具有创新性亦增强了可操作性。该成果已被应用于“达飞佛罗里达”轮等污染事故的清污费用评估及法律诉讼中。2013年发生的“达飞佛罗里达”轮事故因碰撞导致600多吨燃油泄漏，构成重大水上交通和船舶污染事故。该事故应急处置属我国首次在专属经济区远海海域开展的重大救助及油污应急处置。由于应急单位与船方在费用核算上发生重大分歧，于2014年在宁波海事法院提起诉讼，后经浙江省高级人民法院二审，现已诉至最高人民法院。该案件的争议焦点问题之一即为费用核算标准，为此，该成果负责人乔冰博士应邀出庭就标准制定的背景、经过及具体适用等问题向最高人民法院作出说明。国内至今缺乏统一且具有普遍适用性的清防污费率标准，是造成纠纷频发的主要原因。如在另一起2012年发生的重大污染事故“密斯姆”案中，因原告、被告、鉴定人各自主张标准不同、各执己见，法院至今难以判定合理的赔偿金额。因此，业内亟需一个为各方所普遍接受的费率标准，以止纷息讼，保障环保事业良性发展。**该成果填补了国内空白，居国际领先，对于促进海洋环保事业发展具有积极作用和应用价值，建议予以进一步推广。**

（用户盖章）

2019年5月23日

图4.10-1　费率标准科技成果应用证明影印件

4.10.4　应急监视监测、后评估及应急作业恢复费率

应急监视监测费用主要包括用于监视监测的飞机、船舶和车辆的使用费用、燃料消耗费用和驾驶员、监视监测工作人员费用。

应急后评估费用可参考溢油事故发生前的风险评估费用。

清除作业后的恢复费用包括对因清除作业遭受损坏的公路、码头和堤岸的修复，附带正常的维修计划表。

4.10.5 溢油应急与处置试验费率

为保证所配备的各类设备在溢油应急实战中能够发挥预期的功效,有必要加强对设备性能的试验检测,具体试验项目及推荐费率见表4.10-4。

溢油应急与处置试验推荐费率　　表4.10-4

试验项目		试验费率(万元/次/油种)
产品检测试验	收油机回收速率、回收效率试验	8
	围油栏围控性能试验	8
	溢油分散剂性能试验	8
	溢油跟踪浮标系统产品检测	5
	吸油材料性能检测试验	5
	石油污染降解菌性能检测试验	5
缩比仿真试验	溢油风化实验	8
	岸滩模拟实验	8
	其他相关试验	参考上述费率

4.10.6 溢油应急日常培训演练费率

如何在溢油应急防范体系建立和完善的同时,充分利用好现有配套设备,加快溢油应急培训工作,发挥其应有的功能,培养和造就高质量高层次溢油应急队伍和防污染专家,提高我国溢油防治、防备的综合反应能力。培训项目及推荐费率见表4.10-5。

溢油应急日常培训、演练推荐费率　　表4.10-5

培训演练项目		推荐费率(元/人次)
培训	基本油品识别	500
	安全防护培训	500
	溢油围控设备使用培训	1000
	溢油回收设备使用培训	1000
	实际操作设备培训	3000
	其他	参考上述费率
演练	溢油围控	参考水上应急处置费率
	溢油回收	同上
	其他	同上

4.11 溢油风化试验

4.11.1 缩比仿真溢油风化实验装置研究

为了科学地认识溢油的环境归宿与危害,积极有效地采取污染防备与应急处置对策措施,世界多国科学家持续开展了溢油风化和环境影响的研究、观测和实验,以便由此入手,了解各种风化过程和阶段对不同环境受体的危害,为防治污染对策提供有效依据,并根据溢油风化整体特征找到适合而系统的模型方法,统一应用于溢油应急辅助决策,采用多学科方法来研究和预测溢油的环境归宿,分析和预警溢油的环境危害及影响。

现有的海上溢油风化模拟实验主要聚焦于:模拟水流和波浪的试验装置;对水面和海底溢油行为的物理模拟;波浪对化学分散剂清油作用及效果的测试;溢油的物理性质在模拟风

化过程中的变化。

尽管开展了溢油风化模拟时的海水水质变化分析,但由于缺乏对真实溢油的缩比仿真分析,其结果难以说明溢油在真实环境条件下的水质影响,无法定量预测溢油的环境风险与危害。

为了克服上述现有技术的不足,本研究发明一种缩比仿真溢油风化对水质影响的实验装置,能在缩比仿真环境中再现溢油风化(包括溢油分散)对水质的影响,并将特定油品和缩比仿真环境条件下的实验结果还原换算为同类溢油在真实环境风化中造成的分阶段水质指标浓度变幅,为科学地认识溢油及其分散后的环境归宿与危害,开展溢油环境影响评价和环境风险评估,积极有效地采取污染防备、应急处置、环境修复对策措施提供实验技术支持。

实验装置组成见图 4.11-1,包括:溢油风化模拟装置、油品及分散剂计量添加模块、水质取样分析模块,其相互关系如下:油品及分散剂计量添加模块根据油品特性及油膜厚度特性、被溢油分散剂分散特性,向溢油风化模拟装置计量添加适宜的油品以及需要时添加溢油分散剂,水质取样分析模块定时探测溢油风化模拟装置内的实验水体水质指标或定量取样分析相关指标,根据风化实验水质的浓度变幅计算的缩比仿真比值,用于计算真实环境中水质指标的浓度变幅,以及判别缩比仿真效果,供改进和优化缩比仿真实验条件参考。

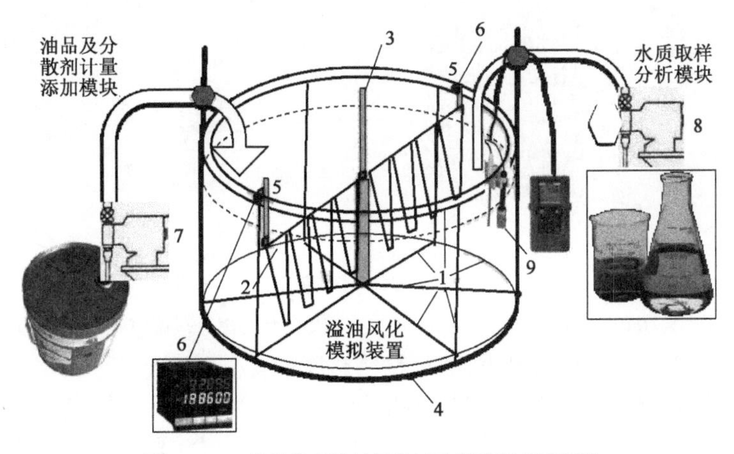

图 4.11-1　缩比仿真溢油风化试验装置组成示意图

1-拼接式圆柱形水池框架;2-多楔形推水板;3-水池圆心轴固定杆;4-圆柱形整体外包橡胶水池;5-水池顶部滑轨及电动滑轮;6-电动滑轮速度频率控制器;7-油品计量添加输送计量泵;8-水质取样分析输送计量泵;9-水质检测传感器及显示器

4.11.2　溢油风化对水质影响缩比仿真实验系统和方法

在前期开展溢油风化试验研究基础之上,本研究提出一种包括了溢油风化对水质影响的缩比仿真与还原分析的完整实验系统与方法。该缩比仿真水质影响实验系统的组成包括:缩比仿真溢油风化对水质影响的实验装置(含溢油风化模拟装置、油品及分散剂计量添加模块、水质取样分析模块)、溢油案例比对模块及数据库、适用区域匹配模块及数据库,以及水质评估分析模块、专用实验方法。

溢油案例比对模块的组成包括:溢油案例比对数据库、实验条件优化数据库和相似比对检索优化模块,详见图 4.11-2。其中,溢油案例比对数据库的主要信息包括:溢油品种、黏度、密度、油膜厚度及面积、泄漏量、泄漏时间、地点、环境条件(水深、水流、气温、水温、光照)、溢油分散及回收处置情况、水质监测等,实验条件优化数据库的主要信息包括:溢油风化模拟实验的水深、油膜厚度、水流流速及波浪、水质、光照、水质指标浓度变幅调整因子及其缩比仿真比值等，相似比对检索优化模块的检索优化方法如下：

（1）应用溢油案例比对数据库开展溢油风化实验油种与溢油案例油种及其黏度、密度、油膜厚度的相似比对，检索出与实验油种较为相似的溢油案例；

（2）进行溢油风化实验条件与相似溢油案例环境条件的相似比对，检索出较为相似的溢油案例提取其水质监测等真实数据，为后续水质取样分析模块判别缩比仿真效果，为后续水质评估分析模块判别及优化缩比仿真效果、验证溢油对水质影响的评估分析结果提供依据；

（3）根据水质评估分析模块提供的缩比仿真效果判别结果和优化建议，更新和完善实验条件优化数据库。

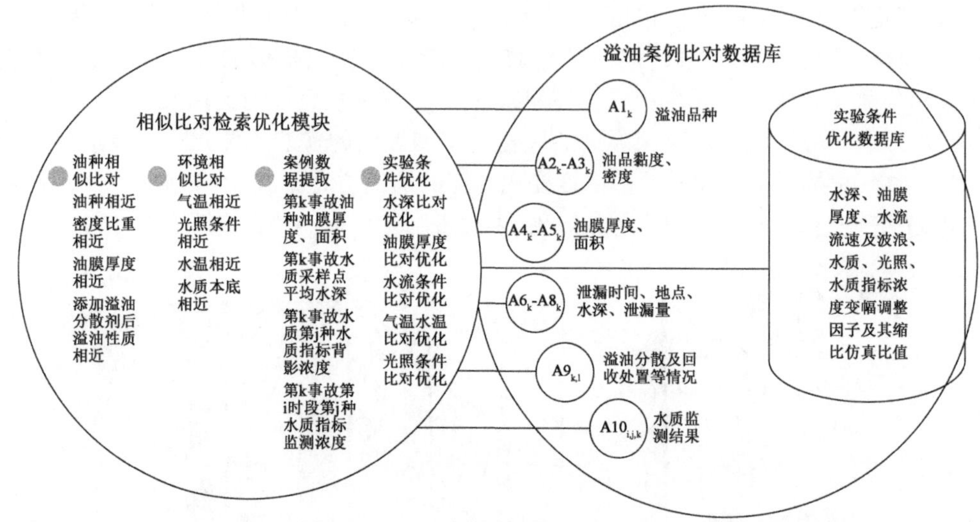

图 4.11-2　溢油案例比对模块的组成示意图

适用区域匹配模块的组成包括溢油风化实验数据库、区域风险基础数据库、实验适用匹配模块，详见图 4.11-3。其中，溢油风化实验数据库的主要信息包括：风化实验的油品特性信息、风化实验环境条件信息、分时段水质指标测试结果等数据，区域风险基础数据库的主要信息包括：区域溢油及其溢油风险的品种和规模，逐月气温、光照、水温、水质、水深等，实验适用匹配模块的匹配方法如下：

（1）应用溢油风化实验数据库进行溢油风化实验油种与区域溢油及其溢油风险的油种适宜匹配，检索出油种及其黏度、密度、油膜厚度较为相似的溢油风化实验数据；

（2）进行溢油风化实验与区域环境条件的环境适宜匹配，挑选出与区域水流、气温、水温、光照、水质背景等综合匹配的溢油风化实验数据；

（3）提取区域环境条件基础数据，为后续的水质取样分析模块将缩比仿真实验结果还原换算为适用环境的真实水质指标浓度变幅，和水质评估分析模块进行水质影响程度和范围的评估分析提供支持。

水质评估分析模块中的实验数据换算校正模型的分析方法如下：

（1）在溢油案例比对模块和适用区域匹配模块运行的基础上，根据检索出的溢油案例水深和油膜厚度对风化实验数据进行源项和水体容量的换算，以及不同水质指标浓度变幅调整因子的校正；

（2）根据溢油案例和风化实验的水质监测结果估算缩比仿真比值，必要时给出溢油风化实验参数优化以及重新开展实验的建议。

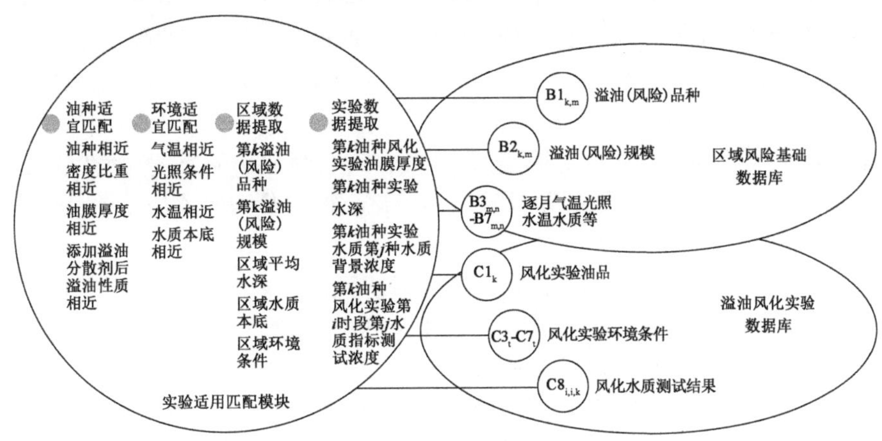

图4.11-3　适用区域匹配模块的组成示意图

水质评估分析模块中的适用区域影响评估模型的分析方法如下：

(1)在缩比仿真效果符合不失真判别准则的前提下,根据适用区域溢油或溢油风险的油品种类、溢出规模、应急处置情况或能力、水质背景和水深,评估不同厚度油膜覆盖区域面积、进入水体的溢油量及其不同时段水质浓度变幅；

(2)分析单因素水质指标及综合指标影响的程度和面积。

上述水质评估分析模块的分析流程示意图如图4.11-4所示。

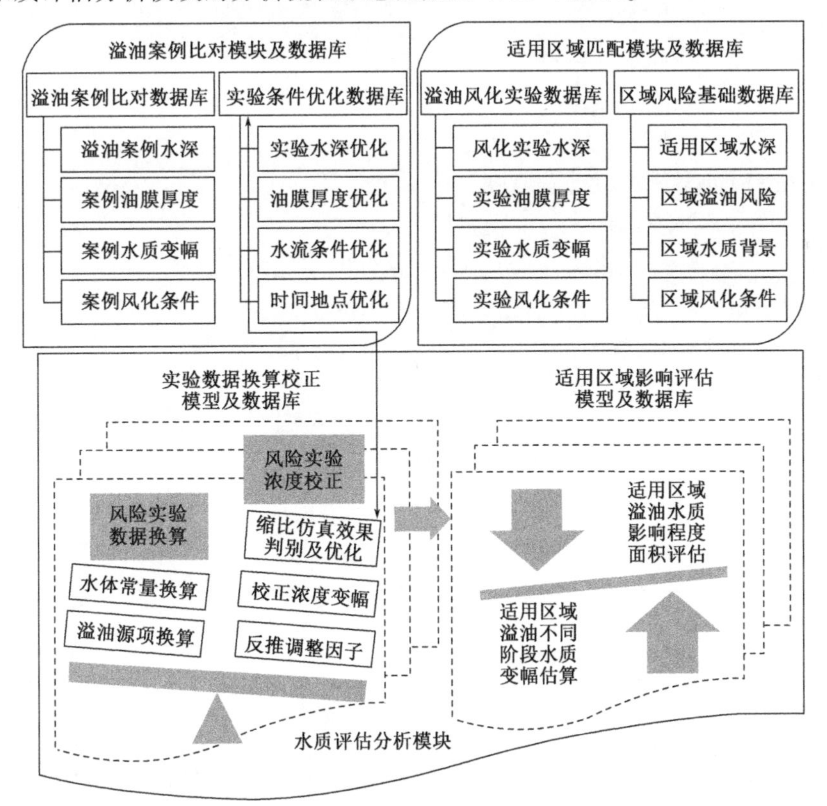

图4.11-4　水质评估分析模块分析流程示意图

4.11.3　溢油风化对水质影响缩比仿真实验步骤及计算方法

(1)根据实验环境的需要选择合适的实验地点和时间,架设特制的露天溢油风化模拟装置,定量添加所需要的实验用水(海水、河水或配水等),采用水质取样分析模块分析测试实验用水水质指标的环境背景值。

(2)根据溢油风化模拟装置的水体表面积及水深、实验油品的黏度、密度及其常见油膜厚度,采用油品及分散剂计量添加模块计算溢油风化模拟实验需要添加的油品体积和重量,自动计量和添加实验油品以及需要时的溢油分散剂。

(3)启动溢油风化模拟装置的水流模拟推水系统,根据需要设定推水板往复移动速度及间歇时间,在缩比仿真环境中模拟溢油的风化过程(包括添加溢油分散剂时的分散作用)以及对水质的影响,同时采用水质取样分析模块按照一定的时间间隔分析测试水质指标。

(4)采用溢油案例比对模块及数据库,检索出与实验油种和溢油风化实验条件较为相似的溢油案例,提取其水质监测等真实数据。

(5)采用水质评估分析模块的实验数据换算校正模型及数据库,根据第(4)步骤检索出的溢油案例水深和油膜厚度对风化实验数据进行源项和水体容量的换算(式4.11-1),以及不同水质指标浓度变幅调整因子的反推或校正(式4.11-2～4.11-3),判别溢油风化实验缩比仿真效果(式4.11-4～4.11-6),必要时更换溢油案例或调整实验参数,重复上述相应的实验步骤,优化缩比仿真效果。

$$\Delta C''_{i,j,k} = \frac{(C_{i,j,k} - C_{0,j,k}) \times H_{e,k}/H_r}{T_{e,k}/T_r} \tag{4.11-1}$$

式中:$\Delta C''_{i,j,k}$——经源项和水体容量换算的风化实验水质浓度变幅;

H_r——溢油案例水域水质采样点平均水深;

$H_{e,k}$——第 k 油种风化实验水深;

T_r——溢油案例水域油膜厚度;

$T_{e,k}$——第 k 油种风化实验油膜厚度;

$C_{0,j,k}$——第 k 油种风化实验第 j 种水质指标的本底浓度;

$C_{i,j,k}$——第 i 时段第 j 种水质指标的实验浓度。

$$M_{i,j,k} = \frac{\Delta C'_{i,j,k}}{\Delta C''_{i,j,k}} \tag{4.11-2}$$

$$\overline{K_{j,k}} = \frac{\sum_{i=1}^{i} \Delta C'_{i,j,k}}{\sum_{i=1}^{i} (C_{i,j,k} - C_{0,j,k})} \tag{4.11-3}$$

式中:$M_{i,j,k}$——第 k 油种风化实验第 i 时段第 j 种水质指标浓度变幅调整因子;

$\Delta C'_{i,j,k}$——第 k 油种溢油案例水域第 j 种水质指标第 i 时段环境浓度变幅;

$\overline{K_{j,k}}$——第 k 油种第 j 种水质指标的环境浓度变幅与风化实验浓度变幅的平均缩比仿真比值;

$C_{0,j,k}$、$C_{i,j,k}$——含义同上。

$$SSE_{j,k} = \text{好} \quad \text{当} 1:0.5 > \overline{K_{j,k}} \geq 1:20 \tag{4.11-4}$$

$$SSE_{j,k} = \text{较好} \quad \text{当} 1:20 > \overline{K_{j,k}} \geq 1:200 \text{或} 1:0.1 > \overline{K_{j,k}} \geq 1:0.5 \tag{4.11-5}$$

$$SSE_{j,k} = \text{有待优化} \quad \text{当} 1:200 > \overline{K_{j,k}} \text{或} \overline{K_{j,k}} \geq 1:0.1 \tag{4.11-6}$$

式中：$SSE_{j,k}$——风化实验中第 j 种水质指标的缩比仿真效果；

$\overline{K_{j,k}}$——含义同上。

(6)采用适用区域匹配模块及数据库，检索出与区域溢油（或溢油风险）的油种和环境条件综合匹配的溢油风化实验数据，同时提取区域环境条件基础数据，以及真实溢油或溢油风险评估相关数据。

(7)采用水质评估分析模块的适用区域影响评估模型及数据库，利用第(6)步骤检索出的溢油风化实验数据以及区域环境条件等数据，首先判别溢油风化实验的仿真模拟效果，在符合不失真判别准则的前提下，评估适用区域溢油或溢油风险对环境水质的单因素指标及综合指标的影响，包括影响的程度、面积、持续时间等，如果有可利用的真实溢油相关数据，则对评估结果的准确性进行验证，进一步保证评估结果的可靠性。具体分析方法为：根据适用区域匹配模块提取的风化实验数据和待评估区域的相关数据，按式(4.11-7)~(4.11-10)计算待评估区域溢油（或溢油风险）的油膜覆盖面积、进入水体溢油的重量、分阶段水中含油量浓度变幅、超过分类标准影响区域面积。

$$AP_{r\_slick_i} = W_{r\_spill_i}/A3_r/[T_r(C1_r + C2_r + C3_r + C4_r)] \tag{4.11-7}$$

$$W_{r\_dspsnd_i} = \max\left\{\begin{matrix}\max\{\Delta C'_{i,oil,k}\} \times AP_{r\_slick_i} \times H_r, \\ (W_{r\_spill_i} - W_{r\_recover_i})\end{matrix}\right\} \tag{4.11-8}$$

$$\Delta C'_{i,oil,k} = (C_{i,oil,k} - C_{0,oil,k}) \times M_{i,oil,k} \times H_{e,k}/H_r \times T_r/T_{e,k} \tag{4.11-9}$$

$$AP_{r\_dspsnd_i,n} = W_{r\_dspsnd_i}/H_r/(S_{oil,n} - C'_{0,oil}) \times F_{i,k} \tag{4.11-10}$$

式中：$AP_{r\_slick_i}$——待评估区域溢油（或溢油风险）在第 i 时段的油膜覆盖面积；

$W_{r\_spill_i}$——待评估区域溢油（或溢油风险）在第 i 时段的溢出规模；

T_r、$A3_r$——待评估区域溢油（或溢油风险）最大油膜厚度、油品密度；

$C1_r$、$C2_r$、$C3_r$、$C4_r$——待评估油种重度、中度、轻度、其他污染区油膜厚度调整因子；

$\Delta C'_{i,oil,k}$——根据风化实验结果计算的第 i 时段水中含油量环境浓度变幅；

$C_{0,j,k}$、$C_{i,j,k}$——第 k 匹配油种风化实验第 j 种水质指标的本底浓度和第 i 时段实验浓度；

$M_{i,oil,k}$——第 k 油种风化实验第 i 时段水中含油量浓度变幅调整因子；

$H_{e,k}$、H_r、$T_{e,k}$——含义同上；

$W_{r\_recover_i}$——待评估区域第 i 时段溢油回收量（或风险溢油预期回收量）；

$W_{r\_dspsnd_i}$——待评估区域第 i 时段入水溢油量；

$AP_{r\_dspsnd_i,n}$——溢油对非封闭水域水质造成超第 n 类水质标准的影响区域面积；

$S_{oil,n}$——第 n 类水中含油量水质标准；

$C'_{0,oil}$——待评估区域第 j 种水质指标的背景浓度；

$F_{i,k}$——第 k 匹配油种第 i 时段水质影响系数。

(8)水质取样分析模块的缩比仿真效果判别模块采用与第(5)步骤相同的方法反推水质指标浓度变幅调整因子和判别溢油风化实验缩比仿真效果，并在达到不失真缩比仿真效果时，将水质浓度变幅的实验结果还原换算为适用区域溢油后真实环境的水质浓度变幅。

(9)溢油风化模拟达到预定结束时间，完成最后一次水质指标分析测试及必要的重复实验后,关闭各实验模块电源,采用小型收油机回收实验用油,请有资质的处理机构抽走实验水池内含油废水,对拆卸后的溢油风化模拟装置进行专业清洗,晾干后储存备用。

至此,模拟溢油风化对水质影响的实验系统与方法可以完成近海和内河关注区域包括了溢油量、水面油膜、水深、水流及波浪、自然光照等风化条件、溢油风化及分散水质浓度变化等影响因素的缩比仿真模拟实验和实验结果的真实环境浓度变幅定量还原换算与分阶段水质影响程度及范围的分析评估。

4.11.4 溢油风化对水质影响缩比仿真实验评估成果验证

(1)实验水质和气候条件分析

溢油风化实验用水取自深圳大鹏湾,采用美国 sensionTM156 便携式多参数测量仪现场检测实验水体的水温、溶解氧(DO)等指标,并采用红外光度法、重量法、碱性高锰酸钾法、生化培养法分别测定采集水样中的含油量、化学耗氧量(COD)、五日生化需氧量(BOD_5)等指标。实验水体各项指标冬季和夏季均值分别为:水温 22.4、25.6℃,DO 9.1、6.5mg/L,COD 1.01、1.69mg/L,$BOD_5$1.81、1.21 mg/L,含油量未检出。其中,冬季实验指标与"塔斯曼海"轮溢油事故所在地海域 2002 年 11 月的相关监测数据平均值(DO 9.0 mg/L,COD 0.99 mg/L,油类 0.053 mg/L)基本一致,冬季实验水温与"7.16"溢油事故所在地大连海域 7 月的水温(21℃)比较接近。进一步比较实验所在地深圳和大连的主要风化气候条件——气温、日照时数(图 4.11-5)、水质,大连 7 月的气温、水质(DO7.8 mg/L, COD 1.01mg/L, 油类 0.032 mg/L)介于深圳冬季和夏季之间,两地冬季、夏季的月平均日照时间基本一致。

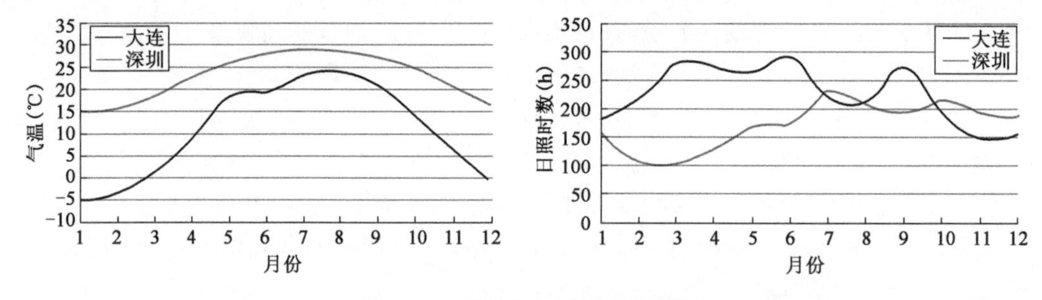

图 4.11-5 深圳和大连风化气候条件

综合以上分析,在深圳开展的溢油风化实验,其冬季实验水质与渤海近岸海域冬季类似,冬季实验水温与大连夏季类似,在深圳开展的风化实验环境条件与渤海冬季和大连夏季溢油事故时的环境条件基本相似。

(2)溢油风化试验结果

4 种油品(柴油、燃料油、阿曼原油、文昌原油)的缩比仿真风化实验添加量及溢油风化 8h、48～168h 水质指标平均浓度值如表 4.11-1 所示。

风化实验油品重量、油膜厚度、环境条件和水质状况 表 4.11-1

试验油种	单　位	柴油	燃料油	阿曼原油	文昌原油
投入量	kg	32.225	31.350	38.905	35.450
密度(20℃)	kg/ m^3	826.4	987.7	844.2	856.2
初始油膜厚度	cm	0.260	0.211	0.307	0.276

续上表

试验油种		单位	柴油	燃料油	阿曼原油	文昌原油
气温		℃	11 ~ 23		27 ~ 34	
相对湿度		%	30 ~ 60		50 ~ 70	
水温		℃	22.4		25.6	
光照条件		时/月	186.7		231.4	
水质背景值	DO	mg/L	9.10		6.5	
	COD		1.01		1.69	
	BOD_5		1.81		1.21	
	含油量		未检出		未检出	
溢油风化 8h 平均浓度值	DO	mg/L	9.80	8.90	6.76	6.89
	COD		3.60	2.10	3.10	1.34
	BOD_5		19.90	2.10	2.91	2.41
	含油量		14.40	2.20	2.57	2.13
溢油风化 48 ~ 168h 平均浓度值	DO	mg/L	6.49	8.11	3.74	4.20
	COD		9.25	3.06	2.82	2.25
	BOD_5		7.01	1.93	1.16	1.12
	含油量		14.65	1.36	2.59	2.13

(3)柴油风化实验与“塔斯曼海”轮溢油事故监测比较

“塔斯曼海”轮溢油事故油膜较薄，与风化实验中的柴油比较相似，溢油后 48 ~ 168h 的实测水质浓度平均变幅 DO 约 -1.78mg/L，COD 约 0.73mg/L，含油量约 0.061mg/L，当事故海域平均水深取 15m，油膜厚度取 0.01cm 时，采用上述真实溢油信息和柴油风化实验该时段结果按式(4.11-1)反推出：DO、COD、含油量浓度变幅调整因子分别取 205、8、1，缩比仿真比值分别为 1∶2、1∶48、1∶368 时，相同溢油风化时段水质指标浓度模型值与实测值吻合。当适度减少实验柴油添加量使得油膜厚度与真实溢油更加接近时，不同水质指标的缩比仿真比值有望更为接近，并控制在尽可能低的水平。

(4)原油风化实验与大连“7.16”溢油事故监测比较

大连“7.16”溢油事故油膜较厚，与风化实验中的两种原油(阿曼原油和文昌原油)比较相似，溢出后 8h(7 月 17 日 5 时许)大连市环保局在附近海域设置 7 个监测点采集样本，结果显示，除一个点符合海水水质二级标准外，其他 6 个点均超过海水水质二级标准，石油类最大值超标 16.5 倍，溢油面积达 50 ~ 60km^2。设定 10km^2重污染区的平均水深为 10m，油膜厚度介于 0.1 ~ 0.8cm，当 DO、COD、BOD_5、含油量浓度变幅调整因子分别取 5、8、4、1 时，缩比仿真比值分别为 1∶16 ~ 1∶145、1∶26 ~ 1∶232、1∶13 ~ 1∶116、1∶3 ~ 1∶29。采用两种原油风化实验结果和水质指标背景值计算相同溢出时间 WQI 为 0.9 ~ 4.6，石油类超标倍数为 2.4 ~ 17.2，与真实溢油监测结果吻合。

(5)大连“7.16”溢油事故进入水体溢油量估算与海域监测比较

大连“7.16”溢油事故期间利用渔船回收溢油约 9796t，再加上其他溢油回收量 2618t，总计回收溢油12414t。若溢油密度按856kg/m³,中度和轻度污染区各20 km²,油膜厚度按0.3cm计,重度、中度、轻度、其他污染区油膜厚度调整因子分别取0.67、0.1、0.033、0.0022cm,其他污染区面积取1068km²,则按式(4.11-7)估算的重度、中度、轻度、其他污染区溢油量分别约1.712万、0.514万、0.171万、0.603万t,合计溢油量约3.0万t。采用式(4.11-8)推算,约有17586t溢油进入了渤海和黄海水体。

设定渤海和黄海的平均水深分别为18m和44m,受影响水体体积分别占24%和76%,水中含油量本底值为0.032mg/L,溢油在2010年(事故当年)和2011年(事故次年)对区域水质的影响系数分别为1.00和0.93,水中含油量超二、三、四类海水水质标准(0.05、0.3、0.5mg/L)面积各占30%,则按式(4.11-10)计算的2010年渤海、黄海新增超二类水质标准面积分别约4738km²和6138km²,2011年新增超标面积约4407km²和5709km²,与公布的黄渤海实测新增超标面积基本一致(图4.11-6)。

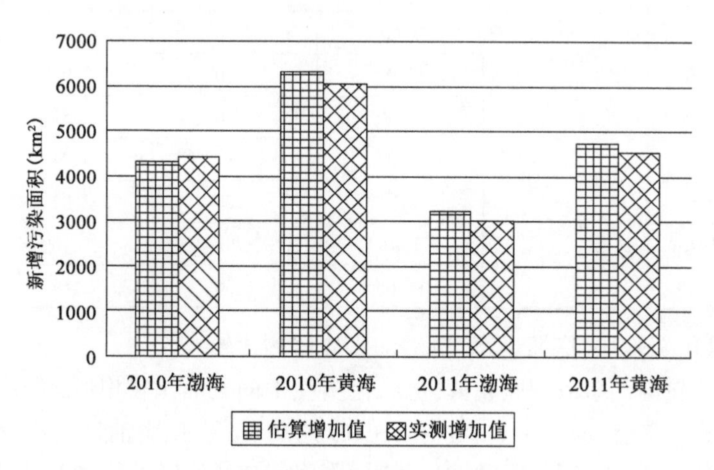

图4.11-6 事故当年及次年渤海、黄海超标面积实测与评估结果比较

4.11.5 柴油泄漏事故对土壤及地下水潜在影响分析

石油管线泄漏对土壤及地下水的潜在影响不容忽视,尤其是溶解性较大的柴油输油管线,更应该加强泄漏污染的风险防范。本研究根据柴油环境风化实验结果,以及求算出的柴油水中溶解度,提出一种柴油泄漏对土壤及地下水影响的分析方法,用于识别和分析潜在的环境风险,以及选择和采取有针对性的环境风险防范对策措施。

(1)基于环境风化实验的柴油水中溶解度计算

根据溶解度的定义,即:一定温度下100g溶剂中达到饱和时所能溶解的溶质的克数,建立了基于环境风化实验的柴油水中溶解度计算公式,如式(4.11-11)。

$$S^T = \frac{C_{Oil}^H}{d^T} \times 10^{-4} \tag{4.11-11}$$

式中:S^T——T温度下柴油水中溶解度(g/100g);

C_{oil}^H——实验水体在H时的水中含油量(mg/L);

d^T——T温度下实验水体比重(kg/L)。

(2)柴油泄漏对土壤及地下水影响分析方法

泄漏柴油对土壤及地下水的危害程度及其影响范围一方面随泄漏量、溶解量、降解量、沉积量的大小而不同,另一方面也随泄漏区域的地质构造和地下水分布的不同而异。

总体而言,泄漏至土壤的柴油首先造成对土壤及其植被生态系统的危害,在未设防渗层的情形下很有可能随降雨等过程进入地下水系,导致对附近区域及下游地下水的污染。

由于饱和溶解度的限制,以及生物降解等作用,柴油的溶解和降解产物的沉积会呈现随时间动态增加的复杂过程。故此假设:柴油的溶解量与风化时间呈正比关系,其在土壤中的生物降解量和沉积量与油含量和风化时间成正比。参考自主创建的 CWCM 溢出物三维溶出模型,本研究根据质量守恒定律进一步建立了三维土壤及零维地下水柴油环境归宿动态模型,见式(4.11-12)~式(4.11-16)。

$$\frac{\mathrm{d}C^S_{oil_{i,j,k}}}{\mathrm{d}t}=\frac{-\mathrm{d}C^W_{oil_{i,j,k}}}{\mathrm{d}t}-\frac{\mathrm{d}C^S_{Bio}}{\mathrm{d}t} \tag{4.11-12}$$

$$\frac{\mathrm{d}C^S_{Bio}}{\mathrm{d}t}=K^S_{Bio}\times C^S_{oil_{i,j,k}} \tag{4.11-13}$$

$$\frac{\mathrm{d}C^W_{SS}}{\mathrm{d}t}=(K^W_{Bio}-K^W_{Sink})\times C^W_{oil_{i,j,k}} \tag{4.11-14}$$

$$\frac{\mathrm{d}C^W_{oil_{i,j,k}}}{\mathrm{d}t}=K_{Sol}-(K^W_{Bio}+K^W_{Sink})\times C^W_{oil_{i,j,k}},\ C^W_{oil_{i,j,k}}\leqslant 10^4\times S^T\times\frac{\Delta Q_{i,j,k}}{V_{i,j,k}} \tag{4.11-15}$$

$$\frac{\mathrm{d}C^W_{oil}}{\mathrm{d}t}=\left[\sum_0^i\Sigma_0^j\Sigma_0^k\left(\mathrm{d}C^W_{oil_{i,j,k}}\times\frac{\Delta Q_{i,j,k}}{\mathrm{d}t}\right)\right]/Q \tag{4.11-16}$$

式中:$\mathrm{d}C^S_{oil_{i,j,k}}$,$\mathrm{d}C^W_{oil_{i,j,k}}$——$\mathrm{d}t$ 时间段内受污染区域土壤第 i,j,k 网格柴油未溶出态、溶出态含量的变化值(mg/L);

$C^S_{oil_{i,j,k}}$,$C^W_{oil_{i,j,k}}$——t 时刻第 i,j,k 土壤网格柴油未溶出态、溶出态含量(mg/L);

K_{Sol}——柴油溶解速率(mg/L/s);

C^W_{SS}——柴油降解产物悬浮物浓度(mg/L);

K^S_{Bio},K^W_{Bio}——柴油在土壤相和水相中的生物降解系数(h^{-1});

K^W_{Sink}——被降解柴油在水相中的沉积系数(h^{-1});

$V_{i,j,k}$——第 i,j,k 土壤网格水相体积(m^3);

$\Delta Q_{i,j,k}$——分摊到第 i,j,k 网格的 dt 时间段平均渗水量(g);

S^T——同式(4.11-11);

$\mathrm{d}C^W_{oil}$——$\mathrm{d}t$ 时间段内受污染区域地下水柴油含量的变化(mg/L);

Q——受影响区域地下水水量(g)。

(3)实验水体水质指标浓度动态变化规律性分析

根据柴油风化实验结果(图4.11-7),随着柴油向水体的溶出,生化耗氧量首先明显升高,并随着油含量升高趋势的控制而逐步下降,以有机物为主的悬浮物浓度在此过程中逐步降低,当油含量再次进一步升高后,生化耗氧量也随之再次升高,待油含量升高趋势再次得到控制后又再次下降,溶出及降解的柴油会产生一定的凝聚,因而导致一度降低的悬浮颗粒物浓度逐步升高。上述过程中,溶解氧一直呈逐步下降的趋势,而化学耗氧量却逐步缓慢升高,并在溶解氧降低到一定程度、水质明显变差时呈陡然上升之势。由于此阶段生物降解速率变得很低,油含量无法得到抑制而呈明显上升趋势,悬浮物浓度也有所增加。该实测的柴油风化水质指标浓度动态变化规律性与式(4.11-12)和式(4.11-16)描述的环境归宿过程基本一致。

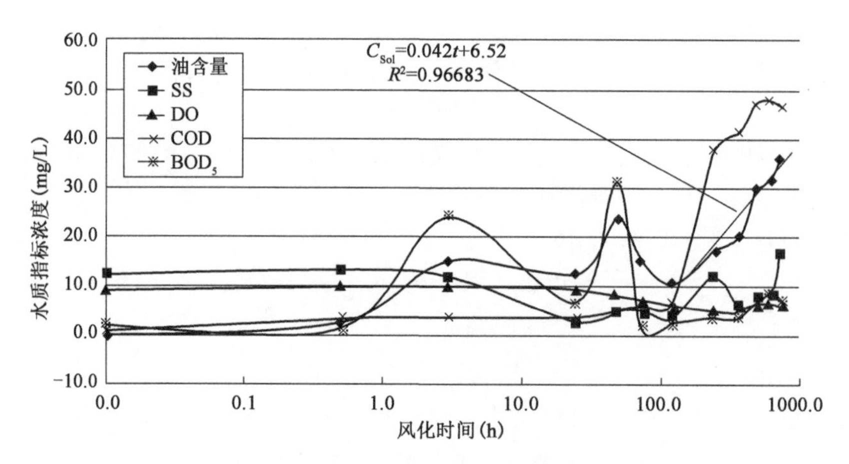

图4.11-7　柴油风化实验水质指标浓度随时间变化

(4)柴油水中溶解、降解沉积速率实验值测算

根据对实验结果的分析,柴油20℃水中溶解度约为3.6×10^{-3}g/100g,溶解速率约为0.042mg/L/h,平均生物降解系数约0.003~0.057h^{-1}(本研究取0.003h^{-1}),降解产物沉积系数约0.001~0.025h^{-1}(本研究取0.001h^{-1})。

(5)土壤及地下水潜在影响案例分析

以10t柴油溢出事故为分析案例,设定受污染区域面积约1000m^2(100m长×10m宽),溢出管线上下受影响土壤厚度约10m,地下水渗透水相可进入受污染区域(图4.11-8),渗透系数约24m/d(1m/h),则受污染土壤的地下水渗透流量约1000m^3/h,柴油密度取858kg/m^3,溢出体积约11.655m^3,受污染土壤中的油含量平均可达到0.117%。

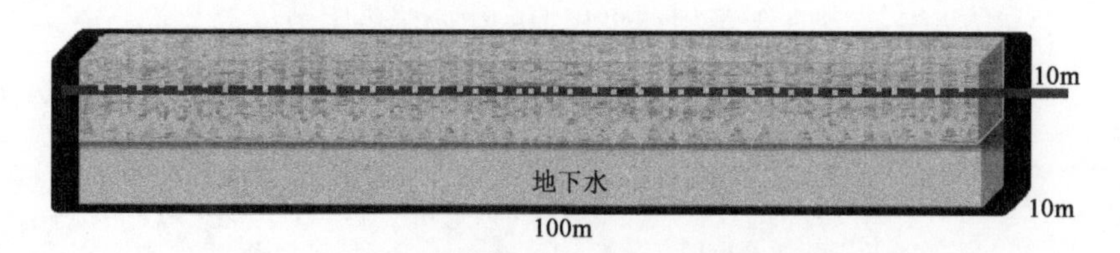

图4.11-8　土壤及地下水潜在影响案例示意图

经采用本研究建立的动态模型计算(土壤网格按深度分为十层),700小时后(约1个月)地下水渗透流量累积约70万m^3,进入地下水的溶出柴油量大约为19.32kg,含油悬浮物5.04kg,生物降解量5.04kg,其余9.97t存留在受污染土壤中。

若地下水渗透系数较大、发生降雨或溢出污染时间增长,则进入水体的溶解柴油和含油悬浮物的量将随之增大。按渗透系数和溢出污染时间各增加10倍计算的进入地下水溶出柴油量大约为1.932t,含油悬浮物0.504t,生物降解量0.504t,其余7.06t存留在受污染土壤中。

第5章　结论及展望

5.1　主要结论

本书在全面分析国内外溢油应急与处置的发展历程、体制机制、政策法规标准、对策措施、技术装备状况和趋势的基础上，论证提出了溢油应急与处置试验相关理论和技术方法，包括标准体系、代表性试验标准的主要试验内容、性能指标及参数，进一步完善和细化了溢油应急与处置实验室可行性论证中的相关试验工艺及方案，配套研究设计了相应的试验方案，对于保证主要溢油应急与处置对策的试验、检测、评估、培训方案，配套的实验室基础建设、运行体系、认证体系方案的科学性、合理性、规范性，以及试验手段的专业性、实验数据的标准化，试验结果的准确、可靠、适时性，均具有重要作用。

本书紧密结合交通运输部"溢油应急与处置实验室"项目建设及其相关试验设施的配套，充分借鉴国内外先进的溢油应急与处置技术及装备的技术要求、试验及培训方法和相关标准，开展试验相关理论和技术方法的研究，提出我国溢油应急与处置以及相关试验的标准体系框架，针对溢油围控、回收、分散、跟踪、降解等技术和装备的溢油处置效率和清污效果的试验方法、应急人员实操培训方案、溢油风化试验方法，为创建科学、先进、系统、客观的溢油应急与处置试验标准体系奠定了坚实基础，为我国溢油应急与处置实验室的建设和运行提供相关理论和技术方法支撑。

5.2　展望

在本书研究成果的基础上，建议由交通运输部牵头，联合生态环境部、自然资源部、应急管理部、其他相关部门，共同发布实施《溢油应急标准体系表》，联合相关单位定期修订完善及细化。

建议尽快在国家和行业标准制修订计划中部署本研究提出建议稿的标准制定工作，由起草单位进一步概化相关术语与定义、内涵及适用范围、包含关系、主要用途和功能，广泛征求相关部门、单位、专家的修改完善意见建议，损害评估费率标准充分考虑油污基金导则的原则与方法，部分标准的出台要与实验水池建设时间相符合，在试验标准、工艺方法方面，做进一步深入实验与实证研究，补充制定围油栏、收油机等装备的标准试验条件，增强装备试验结果可对比性，为企业研究提供指向，为实验室建设明确要求，有效发挥标准的规范指导作用。

建议相关管理部门结合国家重点专项"海洋环境安全保障""典型脆弱生态修复与保护研究"的实施推进和阶段性成果，适时委托承担单位制修订《溢油应急标准体系表》中的相关标准，以及将条件成熟的标准予以批准发布。

建议相关机构、单位、专家进一步提出有关溢油应急与处置的围控、回收、分散、吸附、封堵、卸载、清除、溢油风化及环境归宿的跟踪监测、预测预警、影响评估、资源保护及恢复、应急决策支持等标准名录及代表性标准的意见建议,提升标准研究成果的公信力、合理性、实用性和权威性。

溢油应急标准体系表

(建议稿)

交通运输部水运科学研究院
《溢油应急标准体系表》编写组

目　　次

一、溢油应急标准体系结构框图

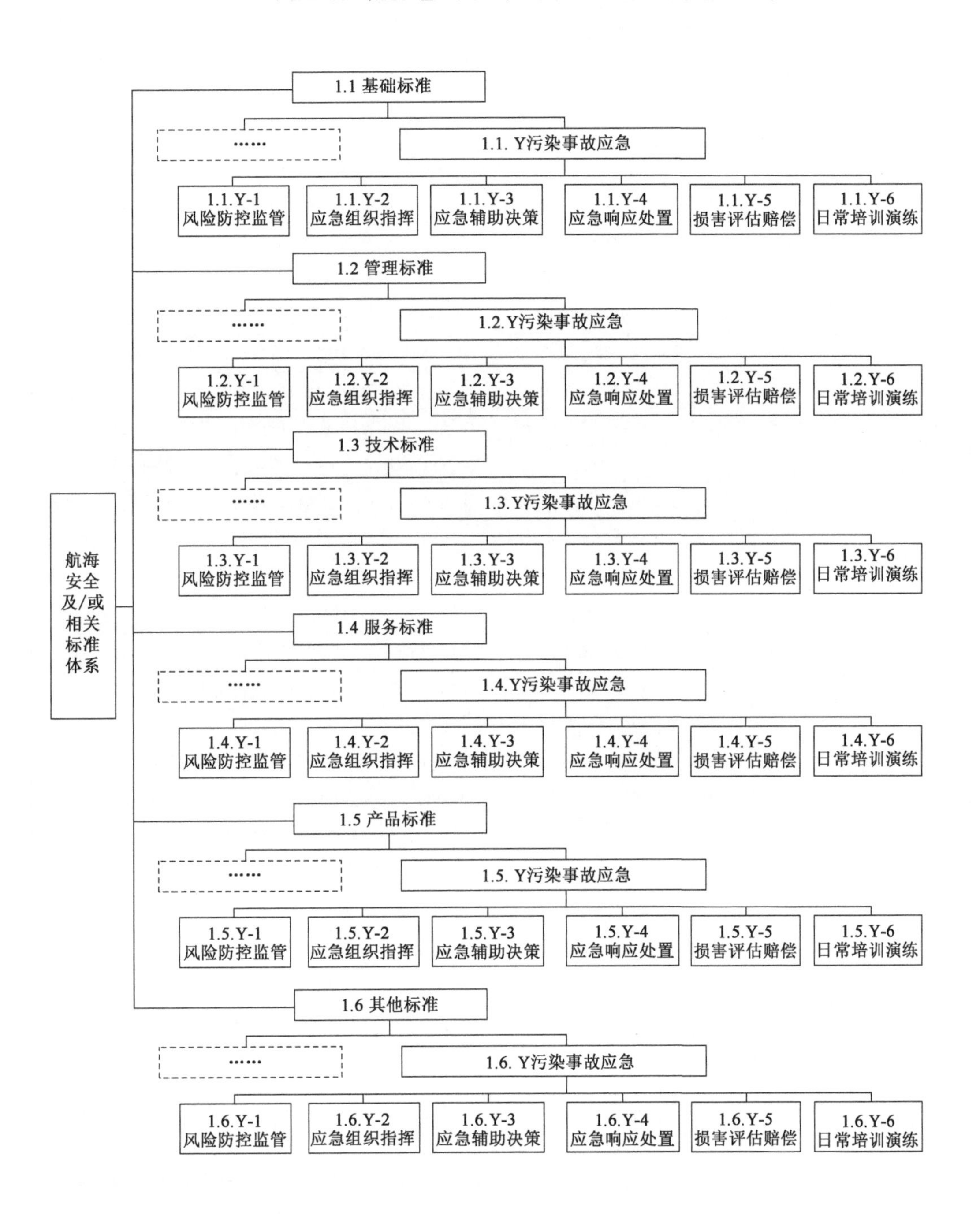

二、关于结构框图层次的说明

第一层	第二层	第三层	包 含 内 容
1.1 基础标准	1.1.Y 污染事故应急	1.1.Y-1 风险防控监管	污染事故风险防控监管阶段相关的基础性标准
		1.1.Y-2 应急组织指挥	污染事故应急组织指挥阶段相关的基础性标准
		1.1.Y-3 应急辅助决策	污染事故应急辅助决策阶段相关的基础性标准
		1.1.Y-4 应急响应处置	污染事故应急响应处置阶段相关的基础性标准
		1.1.Y-5 损害评估赔偿	污染事故损害评估赔偿阶段相关的基础性标准
		1.1.Y-6 日常培训演练	污染事故日常培训演练阶段相关的基础性标准
1.2 管理标准	1.2.Y 污染事故应急	1.2.Y-1 风险防控监管	污染事故风险防控监管阶段与管理相关的标准
		1.2.Y-2 应急组织指挥	污染事故应急组织指挥阶段与管理相关的标准
		1.2.Y-3 应急辅助决策	污染事故应急辅助决策阶段与管理相关的标准
		1.2.Y-4 应急响应处置	污染事故应急响应处置阶段与管理相关的标准
		1.2.Y-5 损害评估赔偿	污染事故损害评估赔偿阶段与管理相关的标准
		1.2.Y-6 日常培训演练	污染事故日常培训演练阶段与管理相关的标准
1.3 技术标准	1.3.Y 污染事故应急	1.3.Y-1 风险防控监管	污染事故风险防控监管阶段相关技术的标准
		1.3.Y-2 应急组织指挥	污染事故应急组织指挥阶段相关技术的标准
		1.3.Y-3 应急辅助决策	污染事故应急辅助决策阶段相关技术的标准
		1.3.Y-4 应急响应处置	污染事故应急响应处置阶段相关技术的标准
		1.3.Y-5 损害评估赔偿	污染事故损害评估赔偿阶段相关技术的标准
		1.3.Y-6 日常培训演练	污染事故日常培训演练阶段相关技术的标准
1.4 服务标准	1.4.Y 污染事故应急	1.4.Y-1 风险防控监管	污染事故风险防控监管阶段与服务相关的标准
		1.4.Y-2 应急组织指挥	污染事故应急组织指挥阶段与服务相关的标准
		1.4.Y-3 应急辅助决策	污染事故应急辅助决策阶段与服务相关的标准
		1.4.Y-4 应急响应处置	污染事故应急响应处置阶段与服务相关的标准
		1.4.Y-5 损害评估赔偿	污染事故损害评估赔偿阶段与服务相关的标准
		1.4.Y-6 日常培训演练	污染事故日常培训演练阶段与服务相关的标准
1.5 产品标准	1.5.Y 污染事故应急	1.5.Y-1 风险防控监管	污染事故风险防控监管阶段可利用的各类产品的相关标准
		1.5.Y-2 应急组织指挥	污染事故应急组织指挥阶段各类产品设计、生产加工、使用、支持、测试等相关标准
		1.5.Y-3 应急辅助决策	污染事故应急辅助决策阶段各类产品设计、生产加工、使用、支持、测试等相关标准

续上表

第一层	第二层	第三层	包含内容
1.5 产品标准	1.5.Y 污染事故 应急	1.5.Y-4 应急响应处置	污染事故应急响应处置阶段各类产品设计、生产加工、使用、支持、测试等相关标准
		1.5.Y-5 损害评估赔偿	污染事故损害评估赔偿阶段各类产品设计、生产加工、使用、支持、测试等相关标准
		1.5.Y-6 日常培训演练	污染事故日常培训演练阶段各类产品设计、生产加工、使用、支持、测试等相关标准
1.6 其他标准	1.6.Y 污染事故 应急	1.6.Y-1 风险防控监管	污染事故风险防控监管阶段除基础标准和与技术、管理、服务、产品相关的标准外的其他与污染事故应急相关的标准
		1.6.Y-2 应急组织指挥	污染事故应急组织指挥阶段除基础标准和与技术、管理、服务、产品相关的标准外的其他与污染事故应急相关的标准
		1.6.Y-3 应急辅助决策	污染事故应急辅助决策阶段除基础标准和与技术、管理、服务、产品相关的标准外的其他与污染事故应急相关的标准
		1.6.Y-4 应急响应处置	污染事故应急响应处置阶段除基础标准和与技术、管理、服务、产品相关的标准外的其他与污染事故应急相关的标准
		1.6.Y-5 损害评估赔偿	污染事故损害评估赔偿阶段除基础标准和与技术、管理、服务、产品相关的标准外的其他与污染事故应急相关的标准
		1.6.Y-6 日常培训演练	污染事故日常培训演练阶段除基础标准和与技术、管理、服务、产品相关的标准外的其他与污染事故应急相关的标准

三、标准体系明细表

1.1　基础标准

1.1.Y　污染事故应急

1.1.Y-1　风险防控监管

序号	体系表编号	标准号	标准名称	宜定级别	实施日期	国际国外标准号及采用关系	被代替标准号或作废文号	备注
1	1.1.Y-1.1	GB/T 21478—2016	船舶与海上技术 海上环境保护 溢油处理相关术语			ISO 16165:2013，国内标准为国际标准的译本	GB/T 21478—2008	

1.1.Y-2　应急组织指挥

序号	体系表编号	标准号	标准名称	宜定级别	实施日期	国际国外标准号及采用关系	被代替标准号或作废文号	备注
2	1.1.Y-2.2		溢油应急组织指挥术语	GB				需制订
3	1.1.Y-2.1	JT/T 458—2001	船舶油污染事故等级					交通运输部

1.1.Y-3　应急辅助决策

序号	体系表编号	标准号	标准名称	宜定级别	实施日期	国际国外标准号及采用关系	被代替标准号或作废文号	备注
4	1.1.Y-3.1		溢油环境风化与归宿特征、术语和指标	GB				需制订
5	1.1.Y-3.2		溢油清污技术术语	GB				需制订
6	1.1.Y-3.3		岸线溢油特征评估导则	JT				需制订

1.1.Y-4　应急响应处置

序号	体系表编号	标准号	标准名称	宜定级别	实施日期	国际国外标准号及采用关系	被代替标准号或作废文号	备注
7	1.1.Y-4.1		溢油应急响应时间	JT				需制订
8	1.1.Y-4.2		海洋溢油应急反应的环境影响因素	GB				需制订

续上表

序号	体系表编号	标准号	标准名称	宜定级别	实施日期	国际国外标准号及采用关系	被代替标准号或作废文号	备注
9	1.1.Y-4.3		船舶污染清除单位应急清污能力评价导则	JT				交通运输部试行
10	1.1.Y-4.4	JT 1143—2017	水上溢油风险评估导则	JT				交通运输部
11	1.1.Y-4.5		溢油应急与处置试验术语	JT				需制订
12	1.1.Y-4.6		溢油应急与处置设备分类与代码	JT				需制订

1.1.Y-5 损害评估赔偿

序号	体系表编号	标准号	标准名称	宜定级别	实施日期	国际国外标准号及采用关系	被代替标准号或作废文号	备注
13	1.1.Y-5.1		溢油环境污染损害判定准则 第1部分:溢油环境污染损害分区分类分项分级指标	GB				需制订
14	1.1.Y-5.2		溢油环境污染损害判定准则 第2部分:溢油环境污染损害基线调查规程和判定准则	GB				需制订
15	1.1.Y-5.3		溢油环境污染损害判定准则 第3部分:溢油环境污染损害基线数据库管理规程	GB				需制订
16	1.1.Y-5.4		溢油环境污染损害判别准则 第4部分:溢油环境污染损害调查取证方法与因果关系判定规程	GB				需制订
17	1.1.Y-5.5		溢油环境污染损害判定准则 第5部分:溢油环境污染损害溯源鉴定方法与因果关系判定规程	GB				需制订
18	1.1.Y-5.6		溢油环境污染损害判定准则 第6部分:溢油环境污染损害程度判定准则与评估规程	GB				需制订

续上表

序号	体系表编号	标 准 号	标 准 名 称	宜定级别	实施日期	国际国外标准号及采用关系	被代替标准号或作废文号	备注
19	1.1.Y-5.7		溢油环境污染损害判定准则　第7部分：溢油环境污染损害范围判定准则与评估规程	GB				需制订
20	1.1.Y-5.8		溢油环境污染损害判定准则　第8部分：溢油环境污染损害模拟仿真试验规程	GB				需制订
21	1.1.Y-5.9		溢油环境污染损害判定准则　第9部分：溢油环境污染损害评估模型验证方法	GB				需制订
22	1.1.Y-5.10		溢油环境污染损害判定准则　第10部分：溢油环境污染损害生态修复方案设计规程	GB				需制订
23	1.1.Y-5.11		溢油环境污染损害判定准则　第11部分：溢油环境污染损害经济损失评估方法与判定规程	GB				需制订

1.1.Y-6　日常培训演练

序号	体系表编号	标 准 号	标 准 名 称	宜定级别	实施日期	国际国外标准号及采用关系	被代替标准号或作废文号	备注
24	1.1.Y-6.1		溢油应急响应人员培训及考核指南	JT				需制订

1.2　管理标准

1.2.Y　污染事故应急

1.2.Y-1　风险防控监管

序号	体系表编号	标 准 号	标 准 名 称	宜定级别	实施日期	国际国外标准号及采用关系	被代替标准号或作废文号	备注
25	1.2.Y-1.1	GA/T 514—2004	交通电视监视系统工程验收规程					公安部
26	1.2.Y-1.2	CH/T 1001—2005	测绘技术总结编写规定					公安部

续上表

序号	体系表编号	标 准 号	标 准 名 称	宜定级别	实施日期	国际国外标准号及采用关系	被代替标准号或作废文号	备注
27	1.2.Y-1.3	CH/T 1014—2006	基础地理信息数据档案管理与保护规范					公安部
28	1.2.Y-1.4	CH 1016—2008	测绘作业人员安全规范					公安部
29	1.2.Y-1.5	CH/T 1030—2012	基础测绘项目文件归档技术规定					公安部
30	1.2.Y-1.6	CH/T 1032—2013	归档测绘文件质量要求					公安部
31	1.2.Y-1.7	CH/T 9012—2011	基础地理信息数字成果 数据组织及文件命名规则					公安部
32	1.2.Y-1.8	HJ 726—2014	环境空间数据交换技术规范					生态环境部
33	1.2.Y-1.9	HJ 724—2014	环境基础空间数据加工处理技术规范					生态环境部
34	1.2.Y-1.10		海洋环境污染预警机制	JT				需制订

1.2.Y-2 应急组织指挥

序号	体系表编号	标 准 号	标 准 名 称	宜定级别	实施日期	国际国外标准号及采用关系	被代替标准号或作废文号	备注
35	1.2.Y-2.1	GB/T 16559—2010	船舶溢油应变部署表					
36	1.2.Y-2.2		溢油应急组织指挥体系表	GB				需制订
37	1.2.Y-2.3		溢油清污技术指南	GB				需制订

1.2.Y-3 应急辅助决策

序号	体系表编号	标 准 号	标 准 名 称	宜定级别	实施日期	国际国外标准号及采用关系	被代替标准号或作废文号	备注
38	1.2.Y-3.1	HJ 589—2021	突发环境事件应急监测技术规范				HJ 589—2010	生态环境部
39	1.2.Y-3.2		港口码头溢油事故污染防治 第5部分:应急监测规程	JT				需制订(已列入交通环境保护标准体系表)

续上表

序号	体系表编号	标　准　号	标准名称	宜定级别	实施日期	国际国外标准号及采用关系	被代替标准号或作废文号	备注
40	1.2. Y-3.3		港口码头溢油事故污染防治　第7部分:应急决策规程	JT				需制订(已列入交通环境保护标准体系表)
41	1.2. Y-3.4		溢油应急与处置收油机选用指南	JT				需制订
42	1.2. Y-3.5		使用分散剂的净环境效益确定指南	JT		ASTM 标准 F2532-19		需制订
43	1.2. Y-3.6	GB18188.2—2000	溢油分散剂　使用准则					交通运输部
44	1.2. Y-3.7		在淡水和其他内陆环境、池塘及沼泽使用溢油分散剂生态考虑指南	JT		ASTM 标准 F1209-19		需制订
45	1.2. Y-3.8		在淡水和其他内陆环境、湖泊及大型水体使用溢油分散剂生态考虑指南	JT		ASTM 标准 F1210-19		需制订
46	1.2. Y-3.9		在淡水和其他内陆环境、河流及小溪使用溢油分散剂生态考虑指南	JT		ASTM 标准 F1231-19		需制订
47	1.2. Y-3.10		溢油响应中使用化学分散剂的生态学考量指南:热带环境	JT		ASTM 标准 F2205-19		需制订
48	1.2. Y-3.11		在淡水及其他内陆环境、非渗透层上使用浮油分散剂的生态条件	JT		ASTM 标准 F1280-19		需制订
49	1.2. Y-3.12		化学岸线清洗剂使用标准指南:环境和操作考量	JT		ASTM 标准 F1872-21		需制订

1.2. Y-4　应急响应处置

序号	体系表编号	标　准　号	标准名称	宜定级别	实施日期	国际国外标准号及采用关系	被代替标准号或作废文号	备注
50	1.2. Y-4.1		收油机操作及安全规程	JT				需制订
51	1.2. Y-4.2	JT/T 877—2013	船舶溢油应急能力评估导则					交通运输部

续上表

序号	体系表编号	标 准 号	标 准 名 称	宜定级别	实施日期	国际国外标准号及采用关系	被代替标准号或作废文号	备注
52	1.2. Y-4.3	JT/T 451—2017	港口码头水上污染事故应急防备能力要求	JT			JT/T 451—2009	交通运输部
53	1.2. Y-4.4		溢油应急反应的个人防护设备选用	JT				需制订
54	1.2. Y-4.5	JT/T 1144—2017	溢油应急处置船应急装备物资配备要求	JT				交通运输部

1.2. Y-5 损害评估赔偿

序号	体系表编号	标 准 号	标 准 名 称	宜定级别	实施日期	国际国外标准号及采用关系	被代替标准号或作废文号	备注
55	1.2. Y-5.1		突发生态环境事件应急处置阶段直接经济损失评估工作程序规定				(环应急〔2020〕28号)	生态环境部
56	1.2. Y-5.2		环境损害鉴定评估推荐方法(第Ⅱ版)				(环办〔2014〕90号)	生态环境部
57	1.2. Y-5.3	GB/T 28058—2011	海洋生态资本评估导则					国家海洋局
58	1.2. Y-5.4	GB/T 34546.1—2017	海洋生态损害评估技术导则 第1部分:总则				《海洋生态损害评估技术指南》(国海环字〔2013〕583号)	国家海洋局
59	1.2. Y-5.5		海洋生态损害国家损失索赔办法				(2014-10-21通知)	国家海洋局
60	1.2. Y-5.6		溢油环境损害赔偿机制	GB				需制订
61	1.2. Y-5.7		海洋敏感资源损害赔偿机制	GB				需制订
62	1.2. Y-5.8		海洋敏感资源损害分类赔偿标准	GB				需制订

1.2. Y-6 日常培训演练

序号	体系表编号	标 准 号	标 准 名 称	宜定级别	实施日期	国际国外标准号及采用关系	被代替标准号或作废文号	备注
63	1.2. Y-6.1		港口码头溢油事故污染防治 第8部分:应急演习演练规程	JT				需制订(已列入交通环境保护标准体系表)

1.3 技术标准

1.3.Y 污染事故应急

1.3.Y-1 风险防控监管

序号	体系表编号	标 准 号	标 准 名 称	宜定级别	实施日期	国际国外标准号及采用关系	被代替标准号或作废文号	备注
64	1.3.Y-1.1		交通运输污染源监测技术规范 第3部分:港口污染源监测	JT				需制订(已列入交通环境保护标准体系表)
65	1.3.Y-1.2		交通运输污染源监测技术规范 第5部分:船舶污染源监测	JT				需制订(已列入交通环境保护标准体系表)
66	1.3.Y-1.3		交通运输环境污染事故应急监测与调查技术规范 第3部分:港口污染	JT				需制订(已列入交通环境保护标准体系表)
67	1.3.Y-1.4		交通运输环境污染事故应急监测与调查技术规范 第4部分:船舶污染	JT				需制订(已列入交通环境保护标准体系表)
68	1.3.Y-1.5	GB/T 18188.1—2021	溢油分散剂 第1部分:技术条件				GB 18188.1—2000	交通运输部
69	1.3.Y-1.6	JT/T 1191—2018	溢油驱集剂技术条件	JT				交通运输部
70	1.3.Y-1.7	JT/T 1339—2020	水上液体有毒有害物质吸附材料	JT				交通运输部
71	1.3.Y-1.8		水上液体有毒有害物质吸收材料	JT				正在制订
72	1.3.Y-1.9	SN/T 4622—2016	入境环保用微生物菌剂符合性检测规程				《入出境环保用微生物菌剂检验检疫操作规程》(国质检卫函〔2010〕577号)	国家出入境检验检疫局
73	1.3.Y-1.10	HJ/T 415—2008	环保用微生物菌剂使用环境安全评价导则					生态环境部
74	1.3.Y-1.11		生物分散剂试验条件标准	JT				需制订

续上表

序号	体系表编号	标　准　号	标 准 名 称	宜定级别	实施日期	国际国外标准号及采用关系	被代替标准号或作废文号	备注
75	1.3.Y-1.12		分散百分率试验方法	JT		ASTM 标准 E1945-02(2016)		需制订
76	1.3.Y-1.13		使用旋转瓶进行溢油分散剂效果试验室测试方法	JT		ASTM 标准 F2059-17		需制订
77	1.3.Y-1.14		生物分散剂试验方法	JT				需制订
78	1.3.Y-1.15	HY 044—1997	海洋石油勘探开发常用消油剂性能指标及检验方法					国家海洋局

1.3.Y-3　应急辅助决策

序号	体系表编号	标　准　号	标 准 名 称	宜定级别	实施日期	国际国外标准号及采用关系	被代替标准号或作废文号	备注
79	1.3.Y-3.1		船舶溢油监测技术规范　第1部分 卫星遥感	JT				需制订
80	1.3.Y-3.2		船舶溢油监测技术规范　第2部分 航空遥感	JT				需制订
81	1.3.Y-3.3		船舶溢油监测技术规范　第3部分 岸基雷达	JT				需制订
82	1.3.Y-3.4		船舶溢油监测技术规范　第4部分 船载雷达	JT				需制订
83	1.3.Y-3.5		船舶溢油监测技术规范　第5部分 溢油浮标	JT				需制订

1.3.Y-4　应急响应处置

序号	体系表编号	标　准　号	标 准 名 称	宜定级别	实施日期	国际国外标准号及采用关系	被代替标准号或作废文号	备注
84	1.3.Y-4.1		交通运输环境污染治理设施运行监测技术规范　第3部分:港口污染治理设施	JT				需制订(已列入交通环境保护标准体系表)
85	1.3.Y-4.2		交通运输环境污染治理设施运行监测技术规范　第4部分:航道污染治理设施	JT				需制订(已列入交通环境保护标准体系表)

续上表

序号	体系表编号	标准号	标准名称	宜定级别	实施日期	国际国外标准号及采用关系	被代替标准号或作废文号	备注
86	1.3.Y-4.3		油水混合物后处理技术规范	GB				需制订
87	1.3.Y-4.4		不同岸线的溢油清除技术导则	JT				需制订
88	1.3.Y-4.5	GB/T 17728—1999	浮油回收装置					
89	1.3.Y-4.6		吸油拖栏	JT				需制订
90	1.3.Y-4.7		溢油燃烧的环境条件和操作事项	JT				需制订
91	1.3.Y-4.8		有冰条件下的水面溢油燃烧规范	JT				需制订
92	1.3.Y-4.9		沼泽地溢油现场微生物降解技术规程	JT				需制订
93	1.3.Y-4.10		沼泽地溢油现场人工清除技术规程	JT				需制订
94	1.3.Y-4.11		沼泽地油泄漏现场燃烧的标准指南	JT		ASTM F2823-15		需制订
95	1.3.Y-4.12	JT/T 560—2004	船用吸油毡					交通运输部
96	1.3.Y-4.13		溢油污染治理油水分离系统	JT				需制订

1.3.Y-5　损害评估赔偿

序号	体系表编号	标准号	标准名称	宜定级别	实施日期	国际国外标准号及采用关系	被代替标准号或作废文号	备注
97	1.3.Y-5.1	GB/T 21247—2007	海面溢油鉴别系统规范				HY 043-1997	国家海洋局
98	1.3.Y-5.2		红外光谱法比较水面石油的标准试验方法	GB		ASTM D3414-98 (2011) el		需制订
99	1.3.Y-5.3		气相色谱法比较水路石油的标准试验方法	GB		ASTM D3328-06 (2020)		需制订
100	1.3.Y-5.4		荧光分析法比较水面石油的标准试验方法	GB		ASTM D3650-93 (2011)		需制订
101	1.3.Y-5.5		溢油鉴定　水面石油及石油产品　第一部分：采样	GB		丹麦 CEN/TR 15522-1:2006		需制订

续上表

序号	体系表编号	标 准 号	标 准 名 称	宜定级别	实施日期	国际国外标准号及采用关系	被代替标准号或作废文号	备注
102	1.3. Y-5.6		溢油鉴定 水面石油及石油产品 第二部分:分析方法和结果解析	GB		丹麦 CEN/TR 15522-2:2006		需制订
103	1.3. Y-5.7	GB/T 34546.2—2017	海洋生态损害评估技术导则 第2部分:海洋溢油	GB			海洋溢油生态损害评估技术导则(HY/T 095—2007)	国家海洋局
104	1.3. Y-5.8	GB/T 21678—2018	渔业污染事故经济损失计算方法				GB/T 21678—2008	农业农村部
105	1.3. Y-5.9	NY/T 1263—2018	农业环境污染事故损失评价技术准则				NY/T 1263—2007	农业农村部
106	1.3. Y-5.10	JT/T 862—2013	水上溢油快速鉴别规程					交通运输部
107	1.3. Y-5.11	JT/T 1190—2018	水上溢油的稳定碳同位素指纹鉴定规程	JT				交通运输部
108	1.3. Y-5.12		溢油污染防备、应急处置及评估试验费率标准	JT			水上污染防备和应急处置收费推荐标准,(SPPPC 001—2011)	需制订
109	1.3. Y-5.13		船舶油污损害赔偿基金索赔指南(2020年修订版)	JT			船舶油污损害赔偿基金索赔指南(2018年修订版)(海危防〔2018〕378号)	交通运输部海事局
110	1.3. Y-5.14		船舶油污损害赔偿基金理赔导则(2020年修订版)	JT			船舶油污损害赔偿基金理赔导则(2018年修订版)(海危防〔2018〕378号)	交通运输部海事局

1.4 服务标准

1.4.Y 污染事故应急

1.4.Y-1 风险防控监管

序号	体系表编号	标准号	标准名称	宜定级别	实施日期	国际国外标准号及采用关系	被代替标准号或作废文号	备注
111	1.4.Y-1.1	HY 016.10—1992	海洋仪器基本环境试验方法　试验 Ka:盐雾试验					国家海洋局
112	1.4.Y-1.2	HY 016.11—1992	海洋仪器基本环境试验方法　试验 Fc:振动试验					国家海洋局
113	1.4.Y-1.3	HY 016.1—1992	海洋仪器基本环境试验方法　总则					国家海洋局
114	1.4.Y-1.4	HY 016.12—1992	海洋仪器基本环境试验方法　试验 Ea:冲击试验					国家海洋局
115	1.4.Y-1.5	HY 016.13—1992	海洋仪器基本环境试验方法　试验 Eb:连续冲击试验					国家海洋局
116	1.4.Y-1.6	HY 016.14—1992	海洋仪器基本环境试验方法　试验 Ec:倾斜和摇摆试验					国家海洋局
117	1.4.Y-1.7	HY 016.15—1992	海洋仪器基本环境试验方法　试验 Q:水静压力试验					国家海洋局
118	1.4.Y-1.8	HY 016.2—1992	海洋仪器基本环境试验方法　试验 A:低温试验					国家海洋局
119	1.4.Y-1.9	HY 016.3—1992	海洋仪器基本环境试验方法　试验 Ha:低温贮存试验					国家海洋局
120	1.4.Y-1.10	HY 016.4—1992	海洋仪器基本环境试验方法　试验 B:高温试验					国家海洋局
121	1.4.Y-1.11	HY 016.5—1992	海洋仪器基本环境试验方法　试验 Hb:高温贮存试验					国家海洋局

续上表

序号	体系表编号	标 准 号	标 准 名 称	宜定级别	实施日期	国际国外标准号及采用关系	被代替标准号或作废文号	备注
122	1.4. Y-1.12	HY 016.6—1992	海洋仪器基本环境试验方法　试验 N:温度变化试验					国家海洋局
123	1.4. Y-1.13	HY 016.7—1992	海洋仪器基本环境试验方法　试验 Ca:恒定湿热试验					国家海洋局
124	1.4. Y-1.14	HY 016.8—1992	海洋仪器基本环境试验方法　试验 Db:交变湿热试验					国家海洋局
125	1.4. Y-1.15	HY 016.9—1992	海洋仪器基本环境试验方法　试验 J:长霉试验					国家海洋局
126	1.4. Y-1.16	HY 021.10—1992	海洋仪器基本环境试验方法　倾斜和摇摆试验导则					国家海洋局
127	1.4. Y-1.17	HY 021.11—1992	海洋仪器基本环境试验方法　水静压力试验导则					国家海洋局
128	1.4. Y-1.18	HY 021.1—1992	海洋仪器基本环境试验方法　高温低温试验导则					国家海洋局
129	1.4. Y-1.19	HY 021.2—1992	海洋仪器基本环境试验方法　高温低温贮存试验导则					国家海洋局
130	1.4. Y-1.20	HY 021.3—1992	海洋仪器基本环境试验方法　湿热试验导则					国家海洋局
131	1.4. Y-1.21	HY 021.4—1992	海洋仪器基本环境试验方法　温度变化试验导则					国家海洋局
132	1.4. Y-1.22	HY 021.5—1992	海洋仪器基本环境试验方法　长霉试验导则					国家海洋局

续上表

序号	体系表编号	标准号	标准名称	宜定级别	实施日期	国际国外标准号及采用关系	被代替标准号或作废文号	备注
133	1.4.Y-1.23	HY 021.6—1992	海洋仪器基本环境试验方法　盐雾试验导则					国家海洋局
134	1.4.Y-1.24	HY 021.7—1992	海洋仪器基本环境试验方法　振动试验导则					国家海洋局
135	1.4.Y-1.25	HY 021.8—1992	海洋仪器基本环境试验方法　冲击试验导则					国家海洋局
136	1.4.Y-1.26	HY 021.9—1992	海洋仪器基本环境试验方法　连续冲击试验导则					国家海洋局
137	1.4.Y-1.27	CH/T 1018—2009	测绘成果质量监督抽查与数据认定规定					公安部
138	1.4.Y-1.28		溢油环境污染损害判定指标灵敏度、时效性、溯源及量化能力测评技术规程	GB				需制订

1.4.Y-3　应急辅助决策

序号	体系表编号	标准号	标准名称	宜定级别	实施日期	国际国外标准号及采用关系	被代替标准号或作废文号	备注
139	1.4.Y-3.1	CH/T 8023—2011	机载激光雷达数据处理技术规范					公安部
140	1.4.Y-3.2	CH/T 8024—2011	机载激光雷达数据获取技术规范					公安部
141	1.4.Y-3.3		溢油应急辅助决策平台技术标准	JT				需制订
142	1.4.Y-3.4		溢油应急与处置计算机辅助系统试验方法	JT				需制订

1.4.Y-4　应急响应处置

序号	体系表编号	标准号	标准名称	宜定级别	实施日期	国际国外标准号及采用关系	被代替标准号或作废文号	备注
143	1.4.Y-4.1		船舶溢油报警装置　第3部分 产品检验规程	JT				需制订
144	1.4.Y-4.2		溢油跟踪浮标系统产品检定规程	JT				需制订

续上表

序号	体系表编号	标准号	标准名称	宜定级别	实施日期	国际国外标准号及采用关系	被代替标准号或作废文号	备注
145	1.4. Y-4.3	CH/T 1027—2012	数字正射影像图质量检验技术规程					公安部
146	1.4. Y-4.4	CH/T 1029—2012	航空摄影成果质量检验技术规程 第1部分:常规光学航空摄影					公安部
147	1.4. Y-4.5	CH/T 1029.2—2013	航空摄影成果质量检验技术规程 第2部分:框幅式数字航空摄影					公安部
148	1.4. Y-4.6	CH/T 1029.3—2013	航空摄影成果质量检验技术规程 第3部分:推扫式数字航空摄影					公安部
149	1.4. Y-4.7		溢油应急响应过程中围油栏的选择与使用指南	JT				需制订
150	1.4. Y-4.8		围油栏抗拉强度的测试方法	JT				需制订
151	1.4. Y-4.9		受控环境下围油栏性能数据的搜集指南	JT				需制订
152	1.4. Y-4.10		围油栏浮重比确定指南	JT				需制订
153	1.4. Y-4.11		收油机的油水混合物取样方法	JT				需制订
154	1.4. Y-4.12		浮动油囊抗拉强度试验方法	JT				需制订
155	1.4. Y-4.13		吸油材料性能检测试验方法	GB				需制订
156	1.4. Y-4.14		空中应用溢油分散剂确定沉降的试验方法	JT		ASTM 标准 F1738-19		需制订
157	1.4. Y-4.15		溢油响应中溢油分散剂及装备应用指南:围油栏和喷嘴系统	JT		ASTM 标准 F1737/F1737M-19		需制订
158	1.4. Y-4.16		溢油应急处置实验室检验试验规程 第1部分:溢油清污技术和装备性能综合试验方法	JT				需制订

续上表

序号	体系表编号	标 准 号	标 准 名 称	宜定级别	实施日期	国际国外标准号及采用关系	被代替标准号或作废文号	备注
159	1.4. Y-4. 17		溢油应急处置实验室检验试验规程　第2部分:收油机回收速率和回收效率试验方法	JT				需制订
160	1.4. Y-4. 18		溢油应急处置实验室检验试验规程　第3部分:受控环境下围油栏围控性能测试指南	JT				需制订
161	1.4. Y-4. 19		溢油应急处置实验室检验试验规程　第4部分:溢油分散剂性能测试标准方法	JT				需制订
162	1.4. Y-4. 20		溢油应急处置实验室检验试验规程　第5部分:溢油跟踪监测设备性能测试标准	JT				需制订
163	1.4. Y-4. 21		溢油应急处置实验室检验试验规程　第6部分:吸油材料及收放装置性能测试标准	JT				需制订
164	1.4. Y-4. 22		溢油应急处置实验室检验试验规程　第7部分:溢油清污人员操作培训规程	JT				需制订
165	1.4. Y-4. 23		溢油应急处置实验室检验试验规程　第8部分:溢油风化试验方法	JT				需制订
166	1.4. Y-4. 24		溢油应急处置实验室检验试验规程　第9部分:多生境多营养级溢油扩散参数与毒性指标测试方法	JT				需制订
167	1.4. Y-4. 25		溢油应急处置实验室检验试验规程　第10部分:石油污染降解菌降解效率及最优降解条件测定方法	JT				需制订

续上表

序号	体系表编号	标 准 号	标 准 名 称	宜定级别	实施日期	国际国外标准号及采用关系	被代替标准号或作废文号	备注
168	1.4.Y-4.26		溢油应急处置实验室检验试验规程 第11部分:岸线溢油清除装备清除效果测试标准	JT				需制订
169	1.4.Y-4.27		溢油应急处置实验室检验试验规程 第12部分:岸线溢油生态修复效果测试标准	JT				需制订
170	1.4.Y-4.28		溢油分散剂及喷洒装置应急指南	JT				需制订

1.5 产品标准

1.5.Y 污染事故应急

1.5.Y-1 风险防控监管

序号	体系表编号	标 准 号	标 准 名 称	宜定级别	实施日期	国际国外标准号及采用关系	被代替标准号或作废文号	备注
171	1.5.Y-1.1	HY/T 042—2015	海洋仪器设备分类、代码及型号命名办法				海洋仪器分类及型号命名办法(HY/T 042—1996)	国家海洋局
172	1.5.Y-1.2	DB54/T 0160—2019	水利工程视频监控系统技术规范				SL 515—2013	水利部
173	1.5.Y-1.3	TB/T 3131—2006	铁路车站客运电视监视系统设置及主要技术条件					铁道部
174	1.5.Y-1.4	CH/Z 1001—2007	测绘成果质量检验报告编写基本规定					公安部
175	1.5.Y-1.5	CH 1002—1995	测绘产品检查验收规定					公安部
176	1.5.Y-1.6	CH 1003—1995	测绘产品质量评定标准					公安部
177	1.5.Y-1.7		海洋环境污染预警系统	GB				需制订
178	1.5.Y-1.8		溢油风险源遥感监控系统	GB				需制订
179	1.5.Y-1.8		溢油分散剂产品标准	JT				需制订

1.5.Y-3 应急辅助决策

序号	体系表编号	标准号	标准名称	宜定级别	实施日期	国际国外标准号及采用关系	被代替标准号或作废文号	备注
180	1.5.Y-3.1		船舶溢油报警装置 第1部分:固定式	JT				需制订
181	1.5.Y-3.2		船舶溢油报警装置 第2部分:溢油报警浮标	JT				需制订
182	1.5.Y-3.3		船舶溢油事故应急处置与决策系统基本要求	JT				需制订
183	1.5.Y-3.4		船舶溢油监测产品基本要求	JT				需制订
184	1.5.Y-3.5	JT/T 788—2010	航标遥测遥控系统技术规范					
185	1.5.Y-3.6	JT/T 760—2009	浮标通用技术条件					
186	1.5.Y-3.7	JT/T 910—2014	水面溢油跟踪浮标系统技术要求					
187	1.5.Y-3.8	CH/Z 3001—2010	无人机航摄安全作业基本要求					公安部
188	1.5.Y-3.9	CH/Z 3002—2010	无人机航摄系统技术要求					公安部
189	1.5.Y-3.10		溢油预测模型系统技术规范	JT				需制订
190	1.5.Y-3.11		溢油应急辅助决策系统技术规范	JT				需制订
191	1.5.Y-3.12		溢油应急环境敏感资源专题图制作规范	JT				需制订
192	1.5.Y-3.13		溢油应急环境敏感资源专题图图标集	JT				需制订
193	1.5.Y-3.14		溢油污染事故应急资源专题图制作规范	JT				需制订
194	1.5.Y-3.15		溢油污染事故应急资源专题图图标集	JT				需制订

1.5.Y-4 应急响应处置

序号	体系表编号	标 准 号	标 准 名 称	宜定级别	实施日期	国际国外标准号及采用关系	被代替标准号或作废文号	备注
195	1.5.Y-4.1	GB/T 29132—2012	船舶与海上技术 海上环境保护 不同围油栏接头之间的连接适配器					
196	1.5.Y-4.2		围油栏				JT/T 465—2001	
197	1.5.Y-4.3	HCRJ 062—1999	固体浮子式 PVC 围油栏					
198	1.5.Y-4.4	HCRJ 063—1999	充气式橡胶围油栏					
199	1.5.Y-4.5	HCRJ 064—1999	固体浮子式橡胶围油栏认定技术条件					
200	1.5.Y-4.6	JT/T 465—2001	固体浮子式围油栏				JT/T 2022.1—1992	
201	1.5.Y-4.7	JT/T 465—2001	固体浮子式围油栏包布				JT/T 2022.2—1992	
202	1.5.Y-4.8	JT/T 465—2001	固体浮子式围油栏浮子				JT/T 2022.3—1992	
203	1.5.Y-4.9	JT/T 465—2001	固体浮子式围油栏 拉力带				JT/T 2022.4—1992	
204	1.5.Y-4.10	JT/T 465—2001	固体浮子式围油栏 配重链				JT/T 2022.5—1992	
205	1.5.Y-4.11	JT/T 465—2001	固体浮子式围油栏 穿绳接头				JT/T 2022.6—1992	
206	1.5.Y-4.12		防火围油栏	JT				需制订
207	1.5.Y-4.13		快速布放围油栏	JT				需制订
208	1.5.Y-4.14		岸滩围油栏	JT				需制订
209	1.5.Y-4.15	JT/T 863—2013	转盘/转筒/转刷式收油机					交通运输部
210	1.5.Y-4.16	JT/T 1201—2018	带式收油机	JT				交通运输部
211	1.5.Y-4.17	JT/T 1042—2016	堰式收油机	JT				交通运输部
212	1.5.Y-4.18		绳式收油机	JT				需制订
213	1.5.Y-4.19		真空式收油机	JT				需制订
214	1.5.Y-4.20	JT/T 1280—2019	溢油油水分离装置	JT				交通运输部
215	1.5.Y-4.21	JT/T 1043—2016	浮动油囊	JT				交通运输部

续上表

序号	体系表编号	标准号	标准名称	宜定级别	实施日期	国际国外标准号及采用关系	被代替标准号或作废文号	备注
216	1.5.Y-4.22		临时储油罐	JT				需制订
217	1.5.Y-4.23		输油泵	JT				需制订
218	1.5.Y-4.24		溢油燃烧点火装置	JT				需制订
219	1.5.Y-4.25		溢油分散及应用设备指南:围油栏和喷嘴系统	JT		ASTM 标准 F1413/F1413M-18		需制订
220	1.5.Y-4.26		溢油分散剂应用装备指南:单点喷洒系统	JT		ASTM 标准 F2465/F2465M-20		需制订
221	1.5.Y-4.27		水域油污控制设备基本要求	GB		法国 NF T71-400-1998(R2008)		需制订
222	1.5.Y-4.28	JT/T 865—2013	溢油分散剂喷洒装置					
223	1.5.Y-4.29		吸油材料	GB				需制订

1.5.Y-6　日常培训演练

序号	体系表编号	标准号	标准名称	宜定级别	实施日期	国际国外标准号及采用关系	被代替标准号或作废文号	备注
224	1.5.Y-6.1		溢油分散及应用设备校准:围油栏和喷嘴系统	JT		ASTM 标准 F1460/F1460M-18		需制订
225	1.5.Y-6.2		船舶溢油事故应急演习演练系统基本要求	JT				需制订

1.6　其他标准

1.6.Y　污染事故应急

1.6.Y-1　风险防控监管

序号	体系表编号	标准号	标准名称	宜定级别	实施日期	国际国外标准号及采用关系	被代替标准号或作废文号	备注
226	1.6.Y-1.1		溢油风险源基础数据库	GB				需制订
227	1.6.Y-1.2		溢油风险源遥感图像分析指南	JT				需制订

1.6. Y-6 日常培训演练

序号	体系表编号	标 准 号	标 准 名 称	宜定级别	实施日期	国际国外标准号及采用关系	被代替标准号或作废文号	备注
228	1.6. Y-6.1		溢油应急响应人员理论培训指南	JT				需制订
229	1.6. Y-6.2		溢油应急响应人员实操培训指南	JT				需制订

四、标准统计表

表一
(详见表 2.2-1)

表二
(详见表 2.2-2)

五、溢油应急标准体系表编制说明

(略,参见第2.2节溢油应急标准体系的构建)

参 考 文 献

[1] 李国斌.各式收油机技术性能特点及在溢油应急计划中的配备指南[C]//船舶防污染法规研讨会论文集,北京:中国航海学会船舶防污染专业委员会.2000:82-88.

[2] 纪玉龙,李铁骏,孙玉清,等.论我国海上污染事故应急机制改革[J].世界海运,2013,36(5):21-23.

[3] IX-ISO. Ship and marine technology—Marine environment protection: performance testing of oil skimmers—Part 1: Moving water conditions. ISO 21072-1:2012[S].2012.

[4] IX-ISO. Ship and marine technology—Marine environment protection: performance testing of oil skimmers—Part 1: Static water conditions. ISO 21072-2:2020[S].2020.

[5] ISCO. The Newsletter of the International Spill Response Community[N]. Issue500. 14 Sep. 2015.

[6] ISCO. The Newsletter of the International Spill Response Community[N]. Issue 789. 31 May 2021.

[7] ITOPF. TIP 03: Use of booms in oil pollution response [EB/OL]. https://www.itopf.org/knowledge-resources/documents-guides/document/tip-03-use-of-booms-in-oil-pollution-response/

[8] 鄢丽梅.高效低温环保型溢油分散剂的研制[D].青岛:中国海洋大学,2013.

[9] 赵宇鹏,等.消油剂在水面和水下使用效果试验方法评述[J].航海工程,2014,43(5):112-115.

[10] Li Zhengkai. et al. Assessment of chemical dispersant effectiveness in a wave tank under regular non-breaking and breaking wave conditions[J]. Marine Pollution Bulletin. 2008.56:903-912.

[11] Li Zhengkai. et al. Evaluating chemical dispersant efficacy in an experimental wave tank:1, Dispersant effectiveness as a function of energy dissipation rate [J]. Environmental Engineering Science,2009.26:1139-1148.

[12] Lewis Alun, et al. Large-scale dispersant leaching and effectiveness experiments with oils on calm water[J]. Marine Pollution Bulletin. 2010.60:244-254.

[13] 中华人民共和国国家标准.溢油分散剂　第1部分:技术条件:GB/T 18188.1—2021[S].北京:中国标准出版社,2022.

[14] 中华人民共和国国家标准.溢油分散剂　使用准则:GB 18188.2—2000[S].北京:中国标准出版社,2011.

[15] ASTM. Standard Guide for Ecological Considerations for the Use of Oil Spill Dispersants in Freshwater and Other Inland Environments, Ponds and Sloughs: F1209-19 [S/OL]. West Conshohocken, PA, 2017: ASTM International. https://www.astm.org/f1209-19.html.

[16] ASTM. Standard Guide for Ecological Considerations for the Use of Oil Spill Dispersants in Freshwater and Other Inland Environments, Lakes and Large Water Bodies: F1210-19 [S/OL]. West Conshohocken, PA, 2017: ASTM International. https://www. astm. org/f1210-19. html.

[17] ASTM. Standard Guide for Ecological Considerations for the Use of Oil Spill Dispersants in Freshwater and Other Inland Environments, Rivers and Creeks: F1231-19 [S/OL]. West Conshohocken, PA, 2017: ASTM International. https://www. astm. org/f1231-19. html.

[18] ASTM. Standard Guide for Ecological Considerations for the Use of Surface Washing Agents: Impermeable Surfaces: F1280-19 [S/OL]. West Conshohocken, PA, 2017: ASTM International. https://www. astm. org/f1280-19. html.

[19] ASTM. Standard Guide for Oil Spill Dispersant Application Equipment: Boom and Nozzle Systems: F1413/F1413M-18 (2022) [S/OL]. West Conshohocken, PA, 2017: ASTM International. https://www. astm. org/f1413-f1413m-18r22. html

[20] ASTM. Standard Practice for Calibrating Oil Spill Dispersant Application Equipment Boom and Nozzle Systems: F1460/F1460M-18 (2022) [S/OL]. West Conshohocken, PA, 2017: ASTM International. https://www. astm. org/f1460_f1460m-18r22. html.

[21] ASTM. Standard Guide for Use of Oil Spill Dispersant Application Equipment During Spill Response: Boom and Nozzle Systems: F1737/F1737M-19 [S/OL]. West Conshohocken, PA, 2017: ASTM International. https://www. astm. org/f1737_f1737m-19. html.

[22] ASTM. Standard Test Method for Determination of Deposition of Aerially Applied Oil Spill Dispersants: F1738-19 [S/OL]. West Conshohocken, PA, 2017: ASTM International. https://www. astm. org/f1738-19. html.

[23] ASTM. Standard Guide for Estimating Oil Spill Recovery System Effectiveness: F1780-18 [S/OL]. West Conshohocken, PA, 2017: ASTM International. https://www. astm. org/f1780-18. html

[24] ASTM. Standard Test Method for Laboratory Oil Spill Dispersant Effectiveness Using the Swirling Flask: F2059-21 [S/OL]. West Conshohocken, PA, 2017: ASTM International. https://www. astm. org/f2059-21. html.

[25] ASTM. Standard Guide for Ecological Considerations for the Use of Chemical Dispersants in Oil Spill Response: Tropical Environments: F2205-19 [S/OL]. West Conshohocken, PA, 2017: ASTM International. https://www. astm. org/f2205-19. html.

[26] ASTM. Standard Guide for Oil Spill Dispersant Application Equipment: Single-point Spray Systems: F2465/F2465M - 20 [S/OL]. West Conshohocken, PA, 2017: ASTM International. https://www. astm. org/f2465_f2465m-20. html.

[27] ASTM. Standard Guide for Determining Net Environmental Benefit of Dispersant Use: F2532-19 [S/OL]. West Conshohocken, PA, 2017: ASTM International. https://www. astm. org/f2532-19. html.

[28] ASTM. Standard Test Method for Determining a Measured Nameplate Recovery Rate of

Stationary Oil Skimmer Systems: F2709-19[S/OL]. West Conshohocken, PA, 2017: ASTM International. https://www.astm.org/f2709-19.html.

[29] FR-AFNOR. Oil pollution control equipment for waters. Base plate for attachment on vessels of dispersant spreaders. Specifications: NF T71-400-1998(R2008)[S].

[30] 韩键.海上溢油跟踪技术研究及软件系统开发[D].大连:大连海事大学,2010.

[31] 杨悦文,商红梅.用表层漂流浮标对海上溢油实时跟踪和监测的方法[J].海洋技术,2007,26(2):17-18.

[32] 王天霖,刘寅东.溢油跟踪浮标水动力特性研究[J].哈尔滨工程大学学报,2009,30(9):986-990.

[33] Hidetaka Senga, Naomi Kato, Hiroyoshi Suzuki, et al. Field experiments and new design of a spilled oil tracking autonomous buoy[J]. Journal of Marine Science and Technology, 2014, 19 (1):90-102.

[34] JN Walpert, NL Guinasso. TABS Responder: A Quick-Response Buoy For Oil Spill Applications [J]. Sea Technology, 2010, 51(10):10-13.

[35] 中华人民共和国行业标准.水面溢油跟踪浮标系统技术要求:JT/T 910—2014[S].北京:人民交通出版社股份有限公司,2014.

[36] 中华人民共和国行业标准. GPS 定时接收设备通用规范:SJ 20726—1999[S].北京:中国电子技术标准化研究所.1999.

[37] 中华人民共和国行业标准.小型海洋环境监测浮标:HY T143—2011[S].北京:中国标准出版社,2011.

[38] ANSI. Test for Flammability of Plastic Materials for Parts in Devices and Appliances: ANSI/UL-94-2013[S]. 2013.

[39] 中华人民共和国国家标准.爆炸性环境　第1部分:设备　通用要求:GB 3836.1—2021[S].北京:中国标准出版社,2021.

[40] 中华人民共和国国家标准.爆炸性环境　第2部分:由隔爆外壳“d”保护的设备:GB 3836.2—2021 [S].北京:中国标准出版社,2021.

[41] 中华人民共和国国家标准.海洋仪器环境试验方法　第1部分:总则:GB/T 32065.1—2015[S].北京:中国标准出版社,2015.

[42] 中华人民共和国行业标准.浮标通用技术条件:JT/T 760—2009 [S].北京:人民交通出版社,2009.

[43] 杨瑞,顾群.基于北斗卫星的溢油跟踪浮标[J].上海海事大学学报,2014,35(3):23-27.

[44] 李明,钱国栋,牛志刚,等.消油剂乳化性能评价方法及影响因素研究进展[J].海洋开发与管理,2015,02:52-57.

[45] 张硕慧,吕晓燕.英国消油剂批准和认可制度及对中国的启示研究[J].环境科学与管理,2015,08:9-12.

[46] 钱国栋.消油剂对原油乳化效果评估波浪槽实验[J].海洋环境科学,2016,02:274-278.

[47] 钱国栋,赵宇鹏.消油剂对环境生物毒性评价研究[J].船海工程,2014,05:108-111.
[48] 乔冰,兰儒.ITOPF 船舶污染应急响应组织响应费率技术评估的释疑[J].船舶防污染,2011(2).
[49] 乔冰.水上溢油预测预警与应急决策技术[M].北京:中国环境出版集团,2022.
[50] 高振会,杨建强,王培刚,等.海洋溢油生态损害评估的理论、方法及案例研究[M].北京:海洋出版社,2007.
[51] 吴卫红,王津,张爱美.溢油事故对沿海城市旅游业影响的研究——以 2010 年大连新港"7·16"溢油事故为例[J].生态经济,2012,02:183-186.
[52] 李楠,宋永刚,宋伦,等.大连湾新港石油管道爆炸溢油对保护区影响跟踪评价[J].河北渔业,2012.221(5):14-24.
[53] 涂重航.检察机关介入大连油污事故调查[N/OL].新京报,2010 年 7 月 20 日 A16.https:/ /news.qq.com/a/20100720/000089.htm.
[54] 温艳萍;吴传雯.大连新港"7.16 溢油事故"直接经济损失评估[J].中国渔业经济,2013(4):91-96.
[55] 中国海洋信息网.2011 年中国海洋环境状况公报[EB/OL].天津:国家海洋信息中心.2012.http://www.nmdis.org.cn/c/2012-07-10/56978.shtml.
[56] 乔冰.溢油应急技术发展及政策支持[C]//第三届溢油应急响应国际研讨会论文集.船舶防污染,2013(1):23-34.
[57] 乔冰.试论中国溢油应急体系的顶层设计及总体架构[C]//第四届溢油应急响应国际研讨会论文集.船舶防污染,2015(1):2-7.
[58] 乔冰.柴油泄漏事故对土壤及地下水潜在影响分析[C]//2014 土壤及地下水整治与管理国际研讨会,北京:中国环境科学学会,2014.
[59] 乔冰,赵彦,李思源,等.溢油外观和碳稳定同位素比率随风化变化实验研究[J].海洋环境科学,2014(4):603-610.
[60] Qiao B,Wu H T,Xiao F,Zhao Y,et,al. Comparative study on water quality impacts between marine oil spill weathering experiment and real oil spill[M]//中国航海科技优秀论文集:2015 年.上海:上海浦江教育出版社,2015:602-617.
[61] 乔冰,兰儒,李涛,等.海洋溢油生态环境损害因果关系判定方法与模型研究[J].生态学报.2021,41(13).
[62] 乔冰,海上溢出物蒙特卡罗三维溶出模型——CWCM[M]//中国科协第三届青年学术年会论文集 第四卷:资源环境科学与可持续发展.北京:中国科学技术出版社,1998:199-201.
[63] 邹云飞,张德文.海上重大溢油回收、油水分离与储运集成工艺研究[J].中国航海.2017,v.40;No.110(01):110-113.
[64] 张德文,邹云飞.全液压驱动船用双臂架溢油回收机研制[J].中国航海.2017,v.40;No.110(01):16-19+36.
[65] 吴海涛,乔冰,等.海上溢油风化模拟系统:ZL.200910105645.0[P].2009.02.25.
[66] 乔冰,赵平,等.一种跟踪预警半潜油的水下溢油跟踪探测浮标系统:ZL.201310269341.4

[P].2013.06.28.
[67] 乔冰,邹云飞,等.一种海面及沉潜溢油清污技术和装备的原型及大比例缩比试验装置:ZL.201620689220.4[P].2016.07.04.
[68] 乔冰,等.一种缩比仿真溢油风化对水质影响的实验装置:ZL.201520631765.5 [P].2015.08.21.
[69] 乔冰,等.一种模拟溢油风化对水质影响的实验系统与方法:ZL.201510514675.2[P].2015.08.21.
[70] 乔冰,等.一种缩比仿真溢油风化对水质影响的实验装置:CN105116125A [P].2015.08.21.
[71] 乔冰,邹云飞,等.一种海面及沉潜溢油清污技术和装备的原型及大比例缩比试验系统和方法:CN106192869A [P].2016.07.04.
[72] 乔冰,邹云飞,等.一种海面及沉潜溢油清污技术和装备的原型及大比例缩比试验装置:CN106223258A [P].2016.07.04.
[73] James,A.,& Thomas. Helping our world work better[N]. Astm Standardization News. 2014.
[74] 最高人民法院.申请设立海事赔偿责任限制基金再审民事判决书:(2018)最高法民再367号:[R].2018:40.
[75] 最高人民法院.申请扣押船舶再审民事判决书:(2018)最高法民再368号:[R].2018:59.
[76] 最高人民法院.海事诉讼特别程序案件再审民事判决书:(2018)最高法民再369号[R].2018:32.
[77] 最高人民法院.申请设立海事赔偿责任限制基金再审民事判决书:(2018)最高法民再370号[R].2018:44.
[78] 张秀芝,王优生.海上溢油风化特性及化学分散效果的影响因素研究[J].海洋环境科学,1997,016(003):40-45.
[79] 赵云英,马永安,吴吉琨,等.波浪槽模拟海况检验消油剂的乳化性能[J].海洋环境科学,2004,23(004):67-70.
[80] Trudel K ,Belore R C ,Mullin J V ,et al. Oil viscosity limitation on dispersibility of crude oil under simulated at-sea conditions in a large wave tank[J]. Marine Pollution Bulletin, 2010,60(9):1606-1614.
[81] 曹立新.关于溢油分散剂效能检测方法的探讨[J].交通运输研究,2008(Z1):57-60.
[82] 韩方园,杨开亮,邢小丽,等.几种溢油分散剂对斑马鱼的急性毒性效应[J].上海海事大学学报,2010,31(003):86-89.
[83] 王颖,孙丽萍,魏社林,等.四种水生动物对GM-2消油剂的急性毒性反应[J].实验动物与比较医学,2011,31(004):259-263.
[84] 杨波,关敏.几种常用消油剂对海洋生物的毒性影响[J].海洋环境科学,1991(4期):14-20.
[85] 程树军,杨丰华,刘忠华,等.石油开发污染物毒性监测的实验生物筛选Ⅱ.消油剂对水生动物的毒性比较[J].热带海洋学报,1999(03):95-99.

[86] Brandvik P J ,Johansen O ,F Leirvik,et al. Droplet breakup in subsurface oil releases-Part 1: Experimental study of droplet breakup and effectiveness of dispersant injection[J]. Marine Pollution Bulletin,2013,73(1):319-326.

[87] Carmody O,Frost R,Xi Y,et al. Surface characterization of selected sorbent materials for common hydrocarbon fuels [J]. Surface Science,2007,601(9):2066-2076.

[88] Singh V,Kendall R J,Hake K,et al. Crude Oil Sorption by Raw Cotton[J]. Industrial & Engineering Chemistry Research,2013,52(18):6277-6281.

[89] 安伟,钱国栋,赵宇鹏,等.水下溢油模拟试验装置:CN204556623U[P].2015.

[90] 钱国栋,章焱,赵宇鹏,等.溢油试验用消油剂喷注喷洒装置:CN206592775U[P].2017.

[91] Li Z,Lee K,Kepkay P,et al. Wave Tank Studies on Chemical Dispersant Effectiveness: Dispersed Oil Droplet Size Distribution[J]. Marine Pollution Bulletin,2008:143-157.

[92] John,M,Shaw. A Microscopic View of Oil Slick Break-up and Emulsion Formation in Breaking Waves[J]. Spill Science & Technology Bulletin,2003.

[93] Srinivasan M ,Singh H ,Munro P A . Adsorption behaviour of sodium and calcium caseinates in oil-in-water emulsions[J]. International Dairy Journal,1999,9(3-6):337-341.

索　　引

A

B

C

D

F

G

H

K

M

N

P

Q

R

S

T

W

X

Y

Z